AF452223

CONSIDÉRATIONS

SUR

LA CULTURE DES ABEILLES.

CONSIDÉRATIONS

SUR LA CULTURE

DES ABEILLES

PAR M. L'ABBÉ FLOQUET,

CURÉ A CHATEAUFORT,

Et Membre de plusieurs Sociétés.

*.... Felices nimium sua si bona norint
Agricolæ....*

VIRGILE.

—————

VERSAILLES,

BEAU Jne, ÉDITEUR, IMPRIMEUR-LIBRAIRE,

RUE DE L'ORANGERIE, 36.

1860

AVANT-PROPOS.

Faire connaître le peuple industrieux qui
recueille le miel, cette manne délicieuse que
le Père céleste ne cesse de nous distribuer;
faire aimer et en même temps bénir le Créa-
teur de toutes ces merveilles; engager et apprendre à soigner les abeilles pour retirer de
cette culture de douces jouissances et de riches
bénéfices, tel est le but que je me propose en
livrant ces considérations au public. Je viens
selon mes forces et mon expérience aider au
progrès de l'apiculture, et je me regarderai
comme heureux, si mes paroles réussissent à
augmenter tant soit peu le nombre des apiculteurs intelligents.

La vie de l'homme sur la terre doit être un
travail continuel; les plaisirs mêmes ne sont

pas exempts de cette loi. C'est pour remplir utilement les loisirs que me laisse mon ministère à la campagne, que je me suis livré à cette innocente industrie des champs, et c'est pour déterminer par mon exemple tous ceux qui peuvent le faire comme moi que j'ai écrit ces réflexions. Puissent-elles être accueillies avec l'esprit de bienveillance qui les a inspirées!

Châteaufort, le 25 mars 1860.

CONSIDÉRATIONS GÉNÉRALES

sur

LA CULTURE DES ABEILLES.

CHAPITRE PREMIER.

Aspect d'un rucher.

Je n'ai jamais rencontré de spectacle aussi agréable que la vue d'un rucher, quand la nature se ranime au printemps, lorsque les fleurs s'épanouissent en laissant exhaler dans les airs leurs parfums suaves. Le rivage battu par les flots, les riantes vallées où paissent les troupeaux vagabonds, les collines agrestes où les chèvres bondissantes broutent les arbustes fleuris, offrent des charmes ineffables : cependant toutes ces beautés ne sauraient, à mon gré, égaler l'aspect d'un rucher. Il y règne un mouvement vague et grondeur qui anime puissamment le tableau et qui ravit l'amateur. Nombreuses comme les gouttes de pluie pendant l'orage d'été, ou comme les flèches échappées de l'arc léger des Parthes, selon l'expression de Virgile, les abeilles remplissent l'air chaud et limpide à travers lequel elles s'élancent pour aller butiner sur les fleurs nouvellement écloses.

Les unes reviennent au logis chargées de deux petites pelottes jaunes, rouges ou verdâtres, qu'elles ont formées en pétrissant le pollen des fleurs, et qu'elles portent dans deux espèces de cuillers qu'elles ont à leurs pattes. D'autres rapportent l'eau qui doit servir à délayer le pollen, avec lequel elles composeront la bouillie qui alimentera le couvain; d'autres, en plus grand nombre, rapportent dans leur œsophage le miel dont elles formeront d'abord la cire, et qu'elles emmagasineront ensuite pour les besoins de la cité.

Les jeunes abeilles, qui ne sont parvenues à la perfection de leur être que depuis quelques heures, se balancent en se jouant devant leur ruche et font ce que les apiculteurs appellent *un feu d'artifice*. Des sentinelles vigilantes gardent l'entrée de la ruche avec une sévérité inflexible, et font payer cher sa témérité à l'abeille vagabonde qui tenterait de pénétrer dans la cité dont elle ne fait pas partie.

Elles ont une manière toute particulière pour se reconnaître : c'est avec les antennes qu'elles demandent le mot d'ordre, et c'est avec les antennes qu'elles répondent : elles se touchent alors avec ces appendices, comme nous nous donnons la main en signe de reconnaissance et d'amitié. L'infatigable activité de ces insectes est vraiment admirable. A peine l'aurore a-t-elle coloré de ses feux naissants le sommet des collines, qu'ils partent comme en chantant, gais et pleins d'espoir, à la récolte du miel que les fleurs ont distillé pendant la nuit, ne s'arrêtant dans leur course et ne se reposant de leurs travaux que lorsque le soir, allongeant ses ombres dans la plaine, force le laboureur lui-même à rentrer au logis.

« L'heure sonne au cadran d'azur, dit monseigneur Donnet, archevêque de Bordeaux, elles s'échappent confusément : les unes vont au fond des vallées, les autres errent au flanc du coteau ; celles-là s'égarent entre les grands arbres, d'autres fuient sur la plaine et se posent çà et là sur les points de cette dentelle blanche que brodent les marguerites sur la soie verte des prairies. Les vieux saules à têtes grises, les peupliers à cimes altières ne leur échappent pas plus que la petite giroflée sauvage ou la violette ouvrant sa corolle timide entre les grands bras de la ronce extravagante ; elles vont à tout, elles puisent à tout, jusque sur les noirs branchages des pins, jusqu'aux crêtes des rochers désossées, dont elles lèchent le moindre suintement ; chacune a sa mission, chacune doit revenir avec son butin. »

Les abeilles sont vraiment avides de miel ; on les voit s'exposer aux plus grands dangers, à la mort même, en allant en marauder chez leurs voisines ; mais dès qu'il faut le prendre sur le magasin commun, elles sont excessivement sobres. La pesanteur en miel d'un grain de chènevis suffira quelquefois pour la quinzaine. Quelque riche que soit le trésor public, on ne prend que le pur nécessaire, soit par prévoyance contre la stérilité possible de l'année suivante, soit par tempérance. Quel bel exemple à méditer par ces prodigues qui se ruinent sans songer au lendemain, et par ces viveurs qui se font gloire de leurs excès !

« Voici le soir, dit encore le savant archevêque que j'ai déjà cité : les grands bruits s'éteignent, la terre est obscure et froide, le ciel est brillant et mystérieux ; à ce moment les moucherons s'emparent de l'air, les grillons s'appellent, les rainettes mélancoliques font résonner le cristal des eaux; un concert de petites voix, une symphonie de notes mineures s'élève de tous les points de la sereine immensité; les étoiles scintillent, les insectes leur répondent, les prenant sans doute pour des mouches étincelantes qui volent là-haut sur d'autres fleurs qu'on ne voit pas! Alors aussi la grande famille des abeilles s'émeut sous son toit, se groupe en masses et commence la prière du soir. Ce n'est plus le bourdonnement du travail, ni celui du péril ou de la colère : c'est un véritable chant, chant triste comme les chants du désert, monotone comme la plainte des vents ou des flots. Elles prient! la prière est une élévation vers le ciel; pauvres petites créatures! elles élèvent vers Dieu ce qui peut aller à lui, leur cri incessamment répété! »

La ruche est le plus parfait des états. Jamais Lycurgue et Solon n'ont pu introduire dans les villes de la Grèce une union aussi parfaite que celle qui se trouve en ces colonies; tout y est commun : travail, soins, habitations, provisions. Aucun intérêt particulier ne les divise; on n'y connaît ni mien, ni tien, source de tant de divisions entre les hommes. Point de serrures, dit un vieil auteur, point de greniers particuliers ; celle même qui a eu le bonheur de faire quelque butin, loin de le cacher pour ses besoins particuliers, se fait un plaisir d'en faire part à toutes ses voisines qui lui en demandent. Cela se fait en un instant, sans contrat, sans caution. Celle qui possède présente sa trompe à celle de sa compagne qui est dans le besoin, et aussitôt le nectar délicieux abreuve et nourrit l'indigente.

Le respect que toutes les abeilles ont pour leur reine est vraiment prodigieux. Toutes s'inclinent devant cette mère commune et la suivent avec un dévouement dont il n'est pas d'exemple; c'est ce qui a fait dire à Delille, après Virgile :

> Quel peuple de l'Asie honore autant son roi ?
> Tandis qu'il est vivant, tout suit la même loi.
> Est-il mort ? ce n'est plus que discorde civile;
> On pille les trésors, on démolit la ville :
> C'est l'âme des sujets, l'objet de leur amour;
> Ils entourent son trône et composent sa cour,
> L'escortent au combat, la portent sur leurs ailes,
> Et meurent noblement pour venger ses querelles.

Toutes les abeilles qui composent la ruche sont

égales devant le travail et devant le devoir; et comme elles partagent les dangers et les fatigues au temps de la moisson, elles se reposent aussi au même foyer et participent au même banquet pendant les jours de repos.

Qu'elle est adorable la Providence qui a formé ces laborieuses abeilles pour l'utilité et l'agrément de l'homme! La cire qu'elles fabriquent restera sans égale pour donner du lustre à nos meubles et à nos appartements, et pour nous offrir les lumières les plus brillantes. Le miel frais et limpide qu'elles butinent sera toujours un dessert exquis, en même temps qu'un remède salutaire. Si les cieux racontent la gloire de Dieu, si le firmament étincelant nous dit sa sagesse, si la foudre et les tempêtes nous font redouter sa puissance, le spectacle d'un rucher doit bien nous faire bénir sa bonté incomparable, et exciter notre amour et notre reconnaissance envers l'auteur de ces merveilles.

Aussi voit-on presque toujours le villageois possesseur d'abeilles avoir des idées élevées sur la Divinité et sur le devoir. Les exemples du respect de l'autorité, de l'esprit d'ordre, de l'esprit de prévoyance, de l'esprit de famille que ces ouvrières lui donnent, influent puissamment sur son caractère.

Il est religieux, doux, d'un commerce facile, offrant l'hospitalité avec la simplicité et la cordialité de l'apiculteur dont parle Virgile :

> . . . . Sunt nobis mitia poma ,
> Castaneæ molles, et pressi copia lactis.

CHAPITRE II.

Produit d'une ruche.

Les abeilles sont un véritable trésor, et comme je l'ai dit en commençant, mon but, en écrivant ces quelques pages, est d'appeler l'attention publique sur cette branche importante de l'industrie des champs. Dans la plupart des comices agricoles, c'est à peine si on nomme ces ouvrières si utiles. On récompense les inventeurs de toute espèce de machine; les animaux de toutes sortes, lapins, poulets, etc....., sont primés avec magnificence; les lauriers ne fleurissent que pour eux; les médailles d'or et d'argent ne brillent que sur leurs grasses poitrines; mais nos chères abeilles restent toujours sans gloire et sans honneur, reléguées dans quelque coin obscur. Les profits qu'elles offrent cependant à ceux qui veulent bien leur accorder quelques soins

sont magnifiques. Le miel vaut régulièrement de
1 fr. à 2 fr. le kilo, et la cire de 3 fr. 50 à 4 fr. 50
le kilo. Or, dix ruches donnent certainement en
moyenne 100 kilos de miel et 10 kilos de cire; ce
qui présente à peu près un revenu moyen brut de
cent pour cent. Car, pour un établissement de dix
ruches, vous dépenserez à peine deux cents francs.
Quelle industrie nécessitant aussi peu de frais que
l'apiculture donna jamais d'aussi beaux résultats?
Cette assertion pourra paraître fabuleuse et cependant elle est appuyée sur l'expérience. La culture
ordinaire des abeilles ne donne pas sans doute ces
produits; mais cette culture, dirigée avec intelligence et aidée des découvertes modernes, les donnera presque toujours... Il y a plus; à ces produits
magnifiques viendra s'ajouter une augmentation
annuelle de capital que j'évaluerai à 25, 50 et même
75 pour cent, suivant les localités. Quoique ces pro-
positions deviennent évidentes par l'exposé de la
méthode que j'emploie et que j'expliquerai ailleurs,
j'en donnerai ici cependant une courte explication
pour éviter tout d'abord le reproche d'exagération.

Dix bons paniers d'abeilles coûtent 200 fr. Ces dix
paniers me donneront dix essaims. A la récolte que
je fais vingt jours après mon essaimage artificiel,

j'aurai au moins 100 kilos de miel et 10 kilos de cire, comme je l'ai énoncé plus haut. C'est mon revenu que j'estime à un prix moyen brut de 200 fr. Mes essaims représentent mon capital; mais mes chasses deviennent une augmentation réelle de mon capital. Comme je les fais de bonne heure, à peu près au moment où les essaims arrivent naturellement, j'ai tout lieu de croire à leur réussite. Si je ne puis me flatter d'un succès complet, je puis toujours être certain qu'il sera au moins de 25 pour cent, et qu'il pourra même être de 50 et de 75 pour cent, suivant que la localité où se trouve mon rucher, sera plus ou moins favorisée sous le rapport des fleurs d'automne.

Il est donc vrai qu'à mon revenu brut de 100 p. 100 s'ajoute une augmentation annuelle de capital, que l'on peut estimer à 25, 50 et 75 p. 100.

Féburier estimait le prix net et moyen d'une ruche à 12 fr. Lombard, qui fut maître en cette matière, l'estimait à 24 fr., sans donner d'autre explication. Mgr l'archevêque de Bordeaux, dans une allocution dont j'ai déjà cité deux passages, s'exprime ainsi sur le produit des abeilles : « J'ai consulté les propriétaires des localités où l'on s'applique le plus à cette industrie, et j'ai appris que sur quatre années, les abeilles donnent une récolte très-bonne, deux ordinaires et une médiocre. La bonne récolte donne 150 p. 100 de bénéfices, les deux ordinaires 50 p. 100, et la médiocre environ 25 p. 100. En moyenne, on obtient dans certains départements et lorsque l'on apporte de l'intelligence, 40 p. 100 de bénéfices nets. »

Le frère Espanet avance que le cultivateur d'abeilles peut compter 15 fr. par ruche de revenu assuré et voir chaque année son capital doublé.

M. de Frasières, à qui je dois l'amour des abeilles, s'exprime ainsi sur les avantages qu'offre leur culture : « Il n'est point d'industrie qui exige moins de frais de premier établissement et qui rapporte un intérêt plus élevé que la culture des abeilles. Une ruche de paille, d'osier ou de bois, dont le prix peut varier de 1 fr. à 3 fr., si l'on se borne aux formes les plus simples et les plus utiles; un essaim qu'il est facile de se procurer, soit par échange, soit pour la faible somme de 6 à 10 fr., selon les localités et les années : voilà le fondement d'un rucher, qui, s'il n'enrichit pas son possesseur, peut du moins lui procurer une rente que j'évaluerai, au plus bas, à 20 fr. par ruche.

Peut-on maintenant me trouver exagéré en offrant aussi un prix brut de 20 fr. par ruche?

Quant aux frais de main d'œuvre et d'établissement, on sait qu'ils sont peu importants, ainsi que
le dit M. de Frasières. On est certainement au delà
de la vérité en les estimant à un quart de la recette
brute, et cependant à ce taux, on obtient encore
75 p. 100 de revenu avec l'augmentation de capital
dont j'ai donné l'explication plus haut.

Dans ce calcul, on me reprochera peut-être de
compter sans la mortalité et sans la disette, deux
fléaux terribles pour tout être qui respire, pour les
abeilles aussi bien que pour les hommes. C'est l'ordinaire que l'on compte ainsi : le laboureur n'est
pas découragé par les éventualités de la sécheresse, de
l'orage ou de la grêle, qui peuvent ravager les moissons, ni l'armateur par la crainte des tempêtes.
Heureusement, les sinistres ne sont pas la règle
commune. L'orage ne ravage pas souvent les mêmes
campagnes, et la tempête n'engloutit pas toujours
les mêmes espérances. De même, il est rare de voir
la disette ou la mortalité décimer le même rucher.
L'apiculteur intelligent et zélé saura toujours par
ses soins prévenir ou du moins diminuer ces terribles accidents. Le laboureur et l'armateur ont les
Compagnies d'assurances pour mettre leurs richesses
à l'abri des éventualités des orages et des tempêtes ;

l'apiculteur, en suivant de bonnes méthodes, peut éviter facilement les mortalités et remédier à la disette avec peu de frais. Comptons cependant ces éventualités. J'ai déjà défalqué 25 p. 100 pour les frais généraux; ajoutons 15 p. 100 pour les insuccès par suite de mortalité et de disette, il nous restera net 60 p. 100, soit 12 fr. par ruche, ainsi que Fébu-rier l'avançait. N'est-ce pas un produit magnifique? Et n'est-il pas étonnant de voir l'apiculture faire aussi peu de progrès dans notre belle France? Que de richesses nous apporteraient toutes ces fleurs qui couvrent nos campagnes, si elles étaient butinées par ces industrieuses ouvrières que la Providence nous a données dans les abeilles! Nous perdons chaque année plus de 200,000,000 fr. de miel et de cire, faute d'ouvrières pour les recueillir. C'est pour cela que j'ai voulu, dans la mesure de mes forces, aider au progrès de l'apiculture. Ces millions recueil-lis répandront l'aisance dans nos campagnes. Il est un nombre infini de communes qui pourraient ga-gner à cette culture plus de 30,000 fr. par an. Témoin la petite commune de Pussay, de l'arron-dissement d'Etampes, qui a produit plus de 40,000 fr. de miel et de cire en 1858.

CHAPITRE III.

Histoire des Abeilles.

De la Reine.

Une ruche contient trois sortes d'individus : la reine, les ouvrières et les bourdons. Le chef d'une colonie d'abeilles se nomme reine. Son origine est privilégiée. Elle n'est pas souveraine par droit d'élection, mais par droit de naissance. Elle est très-facile à distinguer par les marques suivantes, la taille, la couleur, les pieds, les ailes et le ventre. La reine est d'un tiers environ plus grosse que les abeilles communes par la tête, le corselet et singulièrement le ventre qui est plus gros et qui se termine en pointe, par la raison que ce membre est la pépinière et le réservoir de tous les rejetons de la famille, non-seulement pour une année, mais pour plusieurs, et qu'elle doit en introduire la pointe dans chaque alvéole pour y déposer les œufs qu'il contient. Sa couleur est plus dorée et plus rouge que celle de ses sujets; quoique ses membres soient plus gros, ses pieds et ses ailes sont cependant plus courts que ceux des abeilles communes, parce que sa destination est de demeurer ordinairement dans ses états. Tels sont les traits distinctifs de la reine; voici maintenant ses priviléges, ses fonctions et ses occupations.

On ne peut douter que la nourriture de la reine ne soit tout ce qu'il y a de meilleur et même qu'en temps de disette, le peu de provisions qui reste, ne soit réservé pour elle de préférence aux autres. C'est une suite de l'amour et de l'attachement qu'ont pour elle ses fidèles sujets; amour et attachement qui surpassent l'imagination. Est-elle en danger? Les plus voisines se font un devoir de la défendre, en se rangeant autour d'elle et l'enveloppant de leurs corps, peu soigneuses de leur vie, pourvu qu'elles conservent celle de leur souveraine. Est-elle malade? la langueur et la tristesse s'emparent de tous les cœurs; c'est alors que l'on redouble d'égards, de soins et de zèle. Vient-elle à mourir? la désolation est générale. On n'entend plus que tristes lamentations; l'ordre, la discipline, le travail, tout cesse. Cependant on aime encore mieux garder son cadavre que de s'en priver en le traînant en dehors de la cité : il semble à chacun qu'à force de caresses et d'embrassades, il doit reprendre vie.

C'est la reine qui ordonne le départ de la colonie pour une nouvelle habitation. Sa sortie est précédée d'une avant-garde. Elle donne le signal, dit un vieil auteur, et aussitôt tambours et trompettes, tous les instruments de musique sont en jeu. Ce ne sont que marches et fanfares, et n'est pas bon sujet qui ne prend pas part à la fête. Il est rare qu'elle se fixe avant la sortie de toute son armée. Si c'est une branche qui doit servir de station, elle se place au milieu du peloton pour éviter tout danger : si des ailes trop courtes la laissent tomber à terre, elle est cherchée avec inquiétude; les premières, qui la découvrent ou qui l'entendent, font passer la nouvelle de rang en rang et toute l'armée court en un instant se réunir au quartier général.

C'est encore la reine qui juge de la convenance de l'habitation, qui fait battre au champ à sa volonté et qui fixe ses inférieures où il lui plaît de s'établir, ou qui envoie des fourriers chercher un autre gîte. Jamais monarque ne fut tant chéri de ses peuples que cette souveraine l'est de sa troupe; toutes fondent leur bonheur à l'accompagner et sans elle rien n'est capable de les tranquilliser. C'est quelquefois à l'humeur volage et légère de la reine que l'on doit imputer les fréquentes sorties, rentrées et départs de certains essaims. Elle leur parle de temps en temps pour les rassurer en leur disant en son langage : Je suis ici. Aussi, lorsqu'elles ne l'entendent plus, elles se livrent à une agitation continuelle.

C'est la reine qui sonne l'alarme en cas d'attaque. A son signal, ajoute l'auteur que je viens de citer, tous les soldats de la garnison se mettent sur leur garde en présentant les armes, et il n'est pas de général au monde qui soit obéi avec plus de promptitude.

La principale fonction de la reine et la plus importante, sans contredit, est celle de peupler les ruches et de multiplier l'espèce. C'est elle et elle seule qui devra pondre les œufs, qui donneront naissance, non-seulement, à des reines semblables à elle, mais encore à des abeilles communes et à des bourdons.

Elle pond souvent dix à douze mille œufs en six semaines et pour l'ordinaire, dans une année, ce nombre va jusqu'à trente et quarante mille. Quelque étonnante que soit cette fécondité, elle ne doit pas être suspecte, puisqu'on a compté, au moyen d'une bonne loupe, dans les ovaires d'une reine, jusqu'à cinq mille cent œufs. Maintenant ceux qui échappent à la vue par leur petitesse et qui prendront la place de ceux qui seront pondus, doivent surpasser plusieurs fois le nombre des autres.

Lorsque la reine va déposer ses œufs, elle est entourée d'une douzaine de mouches qui lui servent de cortége pour la défendre au besoin et lui offrir ce qui lui est nécessaire. Les unes lui présentent le miel avec leur trompe, les autres la lèchent, la caressent, la brossent même très-exactement. Ainsi escortée, elle entre dans une alvéole, la tête la première, pour en faire la visite et elle y reste pendant quelques instants. Ensuite elle en sort et y rentre à reculons pour coller l'œuf dans l'angle qui est au fond de l'alvéole. La ponte est faite dans un moment. Elle fait cinq ou six œufs tout de suite, après quoi elle se repose avant de continuer. Quelquefois elle passe devant une alvéole vide, sans s'y arrêter, sans même la visiter. Elle commence par pondre des milliers d'œufs d'ouvrières ; vient ensuite la ponte des mâles. Cette ponte, qui peut varier de cent à deux mille œufs, est terminée par celle des reines : cette dernière ponte est peu considérable. Elle peut être de trois, quatre jusqu'à dix et quinze œufs. Ces œufs sont déposés dans des espèces de cellules particulières, qui pendent aux rayons, comme des stalactites : ces cellules ressemblent assez à un gland de chène allongé. Afin que l'œuf qui y sera déposé, soit préservé de tout accident, la matière qui les compose est très-abondante, et une seule cellule royale peut bien peser cent cinquante cellules ordinaires.

La reine est armée d'un aiguillon fort et recourbé, mais elle ne s'en sert que pour tuer ses rivales : il faudrait qu'on l'irritàt beaucoup pour en être piqué. Les naturalistes ne sont nullement d'accord sur la durée de la vie des reines et je crois qu'ils ne sont pas près de l'être.

Hubert est le premier qui ait observé que les reines, dont la fécondation n'avait lieu qu'après le vingtième jour de leur naissance, ne pondaient que des œufs de faux-bourdons. C'est quelque chose de prodigieux, mais les expériences qui l'ont conduit à ces conclusions, sont sans réfutation. Il a également observé que les œufs ne sont pas mêlés indistinctement dans l'ovaire des reines; mais qu'ils ont été arrangés de manière à ce que, dans une certaine saison, elles ne doivent en pondre que d'une seule sorte, et c'est en vain qu'on voudrait intervertir cet ordre de la nature : on ne pourrait y réussir. La reine dans ces cas aime mieux laisser tomber ses œufs d'ouvrières au hasard que de les placer dans des alvéoles qui ne sont pas faites pour eux.

Je sais, comme M. de Frasières et tous les apiculteurs, que deux reines ne sauraient jamais vivre en face et gouverner conjointement la même peuplade, que l'empire reste à la plus forte, sans que jamais les abeilles se mêlent de ces querelles royales ; mais je ne saurais admettre avec lui le fait, quoique très-rare, ajoute-t-il, de deux reines faisant ensemble une transaction pour vivre dans la même ruche et faisant établir par leurs sujettes un mur de séparation entre leurs deux états, c'est-à-dire, un immense rayon qui sépare la ruche en deux parties. Ce fait romanesque est tellement contraire à l'instinct des reines, que pour être affirmé, il devrait être basé sur des expériences plusieurs fois répétées.

L'œuf déposé dans une cellule royale passe trois jours dans cet état et cinq sous celui de ver ; après ces huit jours, les abeilles ferment la cellule et le ver commence de suite à y filer sa coque, occupation qui l'occupe pendant vingt-quatre heures. Il reste dans un parfait état de repos le dixième et le onzième jour et même les seize premières heures du douzième; à cette époque il se transporte en nymphe et passe quatre jours entiers sous cette forme. C'est donc dans le seizième jour de sa vie qu'il arrive à l'état de reine parfaite.

Les vers royaux, comme ceux d'ouvrières et de bourdons, sont apodes, c'est-à-dire sans jambes; cependant ils ne sont point condamnés à une immobilité complète dans leurs cellules : ils s'y avancent en spirale. Ce mouvement est si lent dans les trois premiers jours, qu'il est à peine reconnaissable; il devient ensuite plus facile à distinguer.

En approchant du terme de leurs métamorphoses, ils approchent aussi de l'orifice de leur cellule. Ces vers royaux ne filent que des coques incomplètes, c'est-à-dire qui sont ouvertes à la partie postérieure et qui n'enveloppent que la tête, le thorax et l'abdomen. C'est par ce défaut de couverture que les reines qui arrivent les premières à l'état parfait, peuvent percer de leur aiguillon leurs jeunes rivales qui n'ont pas encore quitté leur berceau.

Ils n'arrivent à cet état parfait, comme les autres sortes de vers du reste, qu'autant que rien ne vient nuire à leur développement; car si quelque accident vient contrarier leur nature, ils s'en ressentent infailliblement. Ainsi, un œuf de reine dans une petite cellule ne pourra prendre toutes les proportions ordinaires de sa nature : c'est pour cela que l'on voit quelquefois des reines imparfaites, comme on voit de petits bourdons.

Des Bourdons ou Faux-Bourdons.

Les bourdons ou faux-bourdons sont reconnaissables par leur couleur plus noire, leur taille plus grande, par la rondeur de la tête, par le défaut de palette triangulaire, par l'absence d'aiguillon et par leur bourdonnement plus fort, qui leur a procuré leur nom. Leurs dents sont petites, plates et cachées; leur trompe est plus courte et plus déliée que celle des abeilles ouvrières, mais leurs yeux sont plus gros et plus grands : ils couvrent tout le dessus de la partie supérieure de la tête, au lieu que les yeux des autres forment simplement une espèce de bourrelet de chaque côté. Les villageois les regardent pour les mères ou couveuses, mais à tort, puisqu'ils sont eux-mêmes couvés au printemps par les abeilles ouvrières. Ils ne sortent que par les beaux jours, depuis neuf ou dix heures du matin jusqu'à trois et quatre heures du soir. Ils ne travaillent pas, jamais on ne les voit sur les fleurs : ils n'existent que pour la fécondation de la reine, et un seul suffit à cet acte important; ils sont nombreux, afin que la reine en rencontre facilement lorsqu'elle s'élance dans les airs à cet effet. Leur existence est de peu de durée; comme ils sont à la charge de la colonie par leur *far-niente* et leur voracité, on s'en défait impitoyablement vers le mois de juillet. Comme ils naissent en mai, ils ne vivent ainsi que trois mois. Les ouvrières se jettent alors sur ces malheureux avec une fureur impitoyable : elles leur arrachent les ailes, les chassent en dehors de la ville et les massacrent à l'envi. La colonie qui n'a pas la force de se défaire de ces rois fainéants et viveurs, est assurée de sa perte : la famine l'assiége avant que le printemps, en ramenant les fleurs, ne lui permette de recueillir de nouvelles provisions. L'apiculteur soigneux s'efforcera donc par tous les moyens possibles, dans ces circonstances fâcheuses, d'aider ses ouvrières à détruire ces consommateurs dangereux.

Les bourdons restent trois jours à l'état d'œuf, six et demi sous forme de ver; ils ne subissent leur métamorphose complète que le 24e jour après leur naissance.

2.

Des Abeilles ouvrières.

Les abeilles ouvrières composent le peuple ou le gros de la nation ; ce sont elles qui accomplissent tous les travaux de la ruche. Voyez avec quelle sagacité elles bâtissent la cité commune ; comme elles en distribuent avec art les rues et les appartements ; comme le terrain et les matériaux sont admirablement ménagés ! Pour cela, elles emploient la figure la plus convenable à leurs fins, qui est l'hexagone, qui leur ménage et la place et la matière. Comme les plus petits interstices, qui pourraient donner accès au froid ou aux ennemis, sont admirablement bouchés ! L'abeille ouvrière choisira les matières qui seront nécessaires pour ces différents travaux, sans se tromper. Après avoir construit des berceaux où la reine déposera la jeune génération, elle mettra sa joie à l'élever. Voyez avec quel zèle et quel empressement elle veille sur ses destins ; comme elle l'enveloppe d'une chaleur vivifiante ; comme elle s'empresse à lui procurer la nourriture qui lui convient : pollen des fleurs, miel frais, eau pure, tout lui est prodigué avec abondance.

En même temps qu'elle élève des berceaux, elle forme des magasins où l'on entassera les provisions de l'avenir. L'abeille ouvrière est admirablement organisée pour opérer ces différents travaux. Voici, d'après les naturalistes, la description de leur organisation.

On distingue trois parties principales dans l'abeille : la tête, la poitrine et le ventre. La tête est composée de deux mâchoires ou pinces, des yeux, d'une langue avec sa bouche, d'une trompe et de deux antennes. Les deux mâchoires sont deux dents posées l'une contre l'autre, longues, saillantes et mobiles ; elles s'en servent, comme de deux mains, pour la construction de leurs ouvrages, pour jeter dehors tout ce qui les incommode. Les yeux sont taillés à facette, de couleur pourpre et couverts de poil ; la bouche et la langue sont situées à l'orifice de la trompe, au-dessus des deux dents. La trompe est une partie qui se développe et qui se replie à volonté ; lorsqu'elle est déployée et en mouvement, on la voit descendre de dessous les deux dents saillantes qui sont à l'extrémité de la tête ; elle est luisante et de couleur châtain ; lorsqu'elle est dans son repos et repliée, on ne voit que les étuis ou les fourreaux qui la contiennent. C'est avec cette trompe que les abeilles sucent ou plutôt lapent le miel pour le faire passer dans leur estomac. Comme cette trompe n'est ni percée, ni spongieuse, ce n'est que par ses inflexions et ses mouvements sur elle-même qu'elle fait passer la liqueur dans le gosier de l'abeille. Les antennes sont placées entre les yeux mobiles et articulés.

La poitrine ou corselet soutient les ailes et les pattes. Les abeilles ont quatre ailes qui leur couvrent tout le corps, deux grandes et deux petites. Si on les lève, on trouve de chaque côté deux ouvertures principales ou stigmates ressemblant a une bouche : c'est l'ouverture de leurs poumons, par le moyen desquels elles semblent respirer. L'abeille a six jambes, placées deux à deux, en trois rangs ; chaque jambe est garnie à l'extrémité de deux grands ongles ou crochets et de deux petits, entre lesquels il y a une partie molle et charnue. La jambe est composée de plusieurs pièces ; la seconde et la troisième pièce de ces jambes ont chacune une pièce singulière qu'on appelle la brosse. Cette partie est carrée, elle est en dedans plus chargée de poils que nos brosses ne le sont ordinairement, et ces poils sont disposés de la même façon : c'est avec ces sortes de brosses que l'abeille ramasse les poussières des étamines des fleurs qui tombent sur son corps, lorsqu'elle est sur une fleur pour y faire la récolte du pollen. Après s'être roulée sur les flancs, elle se brosse tout le corps, elle fait de petites pelottes qu'elle transporte à l'aide de ses jambes sur les palettes des jambes de derrière : les jambes de devant transportent à celles du milieu ces petites masses ; celles-ci les renvoient aux jambes de derrière. Cette palette est dentelée et de figure triangulaire ; sa face extérieure est lisse et luisante ; des poils s'élèvent au milieu des bords. Comme ils sont droits, raides, serrés, et qu'ils l'environnent, ils forment avec cette surface une espèce de corbeille ou de cuiller. C'est là que l'abeille dépose, à l'aide de ses pattes, les petites pelottes qu'elle a formées avec ses brosses. Plusieurs pelottes réunies sur la palette font une masse quelquefois aussi grosse qu'un grain de chènevis.

Le ventre contient un aiguillon et du venin ; il est couvert par six anneaux qui s'allongent, se raccourcissent et se glissent les uns sur les autres en recouvrement. Dans son intérieur se trouvent le réservoir du miel, le viscère où s'élabore la cire et les intestins. L'aiguillon est à l'extrémité du corps de l'abeille : il est caché dans l'état de repos. Quand on presse cette extrémité, on le voit accompagné de deux corps blancs qui forment une espèce de gaîne dans laquelle il est logé lorsqu'il est dans le corps. Cet aiguillon est semblable à un petit dard qui, quoique très-délié, est creux d'un bout à l'autre. On peut confondre l'aiguillon avec l'étui; c'est par l'extrémité de cet étui que l'aiguillon sort et qu'il est dardé en même temps que la liqueur empoisonnée. De plus, cet aiguillon est double; il y en a deux qui jouent en même temps ou séparément, au gré de l'abeille; ils paraissent être de matière cornée : leur extrémité est taillée en scie; les dents sont inclinées de chaque côté, de sorte que les pointes sont dirigées vers la racine de l'aiguillon, ce qui fait qu'il ne peut sortir de la plaie sans la déchirer. Ainsi, il faut que l'abeille le retire avec force; si elle fait ce mouvement avec trop de promptitude, l'aiguillon casse et il reste dans la plaie, et en se séparant du corps de l'abeille il arrache la vessie qui contient le venin, qui tient à la base de l'aiguillon. Une partie des entrailles sort en même temps, et ainsi cette séparation de l'aiguillon est mortelle pour l'abeille. La liqueur qui coule dans l'étui de l'aiguillon est un véritable venin qui cause une assez vive douleur.

Que de ressorts, s'écrie Palteau après cette description, que de force, que de mouvements renfermés dans cette petite partie de matière qui compose le corps de l'abeille! Que de rapports, que d'harmonie entre toutes ces parties! Combien de combinaisons, d'arrangements, de causes, d'effets et de principes, qui tous tendent à la même fin, qui tous concourent au même but! Quelle justesse, quelle symétrie, quelle proportion dans ces petits corps en apparence si méprisables, si peu admirés en effet par des hommes inattentifs! Tout n'y annonce-t-il pas clairement la Sagesse suprême qui a présidé à la formation d'un ouvrage si parfait, si industrieux, si supérieur à tout ce que l'art a jamais pu inventer? Quels ne doivent pas être notre reconnaissance et notre amour pour la divine Providence, qui a organisé si artistement tous ces petits membres pour notre utilité?

Les abeilles sont douées d'une finesse d'odorat admirable, et rien ne le prouve mieux que tous ces détours qu'elles savent si bien prendre pour parvenir là où il y a du miel. Leurs yeux, par leur rondeur et leur mobilité, les avertissent de tous les dangers qui les menacent, de quelque côté qu'ils se présentent. Elles paraissent avoir un pressentiment des mauvais temps, des orages, des pluies, des grêles : un temps couvert, souvent très-favorable à la quête du miel, n'est pas confondu avec une nuée chargée de pluie et d'éclairs. « Voyez, dit Duchet, l'adresse d'un voleur surpris sur le fait, qui se tire d'embarras en payant à boire à ses lutteurs; il leur tend sa trompe en présentant le miel qu'il a dans sa besace, et par ce moyen, rançonne sa liberté, à moins qu'un autre, qui n'a pas eu sa part, ne survienne. »

Que penser aussi de la connaissance si prompte et si sûre par laquelle les abeilles distinguent leur ruche d'avec toute autre; que dire de ce courage qui surpasse l'imagination? Sans examiner le nombre, sans s'effrayer de la force de ses ennemis et du peu de proportion entre les forces respectives, elles défendent jusqu'à la dernière extrémité leur souveraine et leur patrie par le sacrifice de leur propre vie. Dès que les hostilités ont commencé, les plus voisines s'élancent sur l'ennemi; si les premières ne le mettent pas en fuite, d'autres accourent, la reine est avertie, elle fait passer son courroux et son commandement à sa troupe; l'alarme est donnée, un bourdonnement extraordinaire est le signal du combat. Les légions se succèdent, chacune fond à l'envi avec la plus grande impétuosité sur l'ennemi, et leur courage augmente par la résistance des assaillants. On ne sait, chez ces amazones, ce que c'est que de se ménager ou de battre en retraite ; on s'obstine à vaincre en mourant, à gagner le champ de bataille et à chasser l'agresseur ; on le suit même encore de loin, dès qu'il se retire, pour le faire repentir de sa témérité et lui faire perdre l'envie de revenir à la charge : leur courage, poussé à bout, dégénère en fureur. Le roi David ne trouve pas d'expression plus énergique, pour caractériser la fureur de ses ennemis, que de la comparer à celle de ces insectes : *Circumdederunt me sicut apes et in nomine Domini ultus sum in eos* (Ps. 117).

Si la Providence ne nous eût ménagé un moyen d'arrêter cette fureur, il nous eût été impossible de jouir facilement des dépouilles de ces étonnants insectes. Ce moyen est très-simple : c'est l'emploi de la fumée. Ainsi, armé seulement d'un tampon fumant, un enfant fera de ces légions redoutables tout ce qu'il voudra, soit pour les dépouiller, soit pour les soigner. La fumée de tabac produit tout à fait les mêmes effets ; elle calme leur colère et les rend douces et faciles à gouverner. Du reste, on adoucit beaucoup leur humeur, naturellement farouche, en les visitant souvent avec douceur, sans chocs ni mouvements violents. Les abeilles vivent à peine une année : elles sont exposées à tant de fatigues, qu'il ne leur est guère possible de fournir une plus longue carrière.

Il arrive quelquefois que des abeilles communes pondent; c'est un accident que Hubert nous a expliqué.

Lorsqu'une colonie a perdu sa reine et qu'elle possède du couvain, elle s'empresse de réparer cette perte. A cet effet, elle prépare une grande quantité de gelée royale pour nourrir les vers destinés à devenir des reines. Mais il arrive que de petites portions de cette gelée royale tombent sur d'autres cellules; les ouvrières qui s'en nourrissent en éprouvent aussi les effets. Seulement ces effets sont imparfaits, parce que la nourriture royale n'a été donnée qu'à petites doses. D'un autre côté, les cellules n'ont pas été agrandies, et ainsi les abeilles qui y seront élevées ne pourront se développer au delà des proportions ordinaires; elles auront donc la taille et tous les caractères extérieurs des simples ouvrières; mais elles auront de plus la faculté de pondre quelques œufs par le seul effet de la petite portion de gelée royale qui aura été mêlée à leurs autres aliments. L'ovaire de ces ouvrières se trouve développé, mais d'une manière incomplète, et elles ne pondront jamais que des œufs de bourdons, ainsi qu'il est constaté par toutes les expériences qui ont été répétées à ce sujet.

Les ouvrières restent trois jours à l'état d'œuf, cinq jours à l'état de ver, au bout desquels les abeilles ferment la cellule d'un couvercle de cire. Le ver commence alors à filer sa coque de soie; il emploie trente-six heures à cet ouvrage; trois jours après, il se métamorphose en nymphe et passe sept jours et demi sous cette forme : il n'arrive donc à son dernier état, celui de mouche, que le vingtième jour de sa vie, à dater de l'instant où l'œuf dont il sort a été pondu.

Les vers d'ouvrières et ceux de mâles se filent dans leurs cellules des coques complètes, c'est-à-dire qui sont fermées à leurs deux bouts et qui enveloppent tout leur corps.

CHAPITRE IV.

Des diverses formes de ruches.

On appelle ruches les logements divers que l'on donne aux abeilles. Les abeilles réussissent généralement dans les diverses ruches que l'on invente pour les loger, lorsqu'on les dirige avec soin et avec intelligence. Il y a des ruches de cent formes différentes : les unes, un instant, ont excité un engouement difficile à comprendre, puis bientôt ont été complétement abandonnées. Ainsi les belles ruches, si compliquées, de Nutt; ainsi la ruche à feuillets de Huber, renouvelée de nos jours par M. Debauvoys, sous le nom de ruche à cadres; ainsi tant d'autres, un instant fort approuvées théoriquement, ont succombé dans la pratique. Dans la culture des abeilles, deux espèces de ruches me paraissent seules admissibles.

D'abord, quoi qu'en disent les ruchomanes modernes, la ruche d'une seule pièce, la vieille ruche en cloche, la véritable ruche villageoise, qu'elle soit de troëne, d'osier ou de paille, malgré tous les dénigrements dont elle a été l'objet, elle subsiste toujours. D'où vient cet attachement invincible des cultivateurs pour cette forme? N'est-ce pas de la conviction intime qu'ils ont qu'elle est la plus favorable? Ce n'est pas vraiment là une question de lésinerie dans l'établissement des abeilles, mais bien une question positive de revenu. Tout le monde admet, en effet, que si elle ne donne pas les plus beaux résultats, elle en donne au moins d'égaux à ceux des ruches les plus perfectionnées et les mieux soignées.

La raison en est que ces ruches d'une seule pièce laissent aux abeilles toute l'exactitude de leur instinct et toute leur industrieuse activité. Ici rien ne gêne leurs mouvements, rien ne vient ralentir leur courage, ni arrêter leur essor. Elles se croient dans leur demeure naturelle, le creux d'un arbre, la fissure d'un rocher. Leurs illusions ne sont troublées par aucune opération, puisque, dans ce cas, on les laisse entièrement maîtresses de la direction de leur ouvrage. Pourrait-il en être ainsi dans toutes ces ruches à cadres mobiles ? A chaque instant la volonté de l'apiculteur vient contrarier celle de ses abeilles au détriment du produit total. C'est un rayon qu'il faut briser, parce qu'il dépasse, par son renflement, la ligne désignée ; c'en est un autre qu'il faut redresser, parce qu'il ne suit pas régulièrement la contexture du cadre et que par là il en dérangerait tout le jeu. De bonne foi, ces retranchements successifs, ces directions forcées ne doivent-elles pas arrêter l'ardeur des abeilles, quelquefois même les décourager ? De plus, la surveillance qu'exigent de semblables opérations est-elle possible dans la culture en grand ? Conservons donc une bonne place, dans les exploitations d'un peu d'importance, à la vieille ruche villageoise.

Tel a été, du reste, l'avis presque général des apiculteurs de profession, dans le congrès tenu au Luxembourg, le 16 août 1857, pour déterminer la meilleure forme de ruche à adopter. Le congrès apicole de Stuttgard, tenu quelque temps auparavant, a donné indirectement la même conclusion, en disant que la meilleure ruche était toujours celle qu'on savait le mieux manier, qui procurait le plus de bénéfices et qui était la plus économique et la plus facile à établir.

La seconde forme de ruche que l'on peut admettre, c'est la ruche à hausse, à dessus plat, à dessus bombé, vertical, horizontal, selon les goûts et les convenances. Avec cette ruche vous récolterez le miel le plus pur; si vous en désirez en rayons, vous l'aurez à votre disposition, à l'heure que vous voudrez. En suivant ma méthode, on peut savourer les qualités différentes des miels que produisent les fleurs de chaque contrée. S'il survient un amateur à déjeuner, on peut lui servir le dessert le plus exquis; car en est-il de plus délicieux que le miel, frais et limpide comme le cristal, que l'abeille a déposé seulement depuis quelques jours dans des rayons diaphanes et blancs comme la neige ?

La ruche à hausse, que j'ai adoptée, est très-simple, peu coûteuse, puisque chaque case ou hausse ne revient qu'à un franc et peut, par ce moyen, être employée dans les grandes exploitations. Elle est verticale et se compose d'un nombre indéterminé de cases, quatre, cinq, six, suivant l'abondance de la miellée, le nombre et l'ardeur de la colonie. Ces cases, faites en bois de sapin rouge, sont toutes de la même hauteur, de la même longueur et de la même largeur. La hauteur est de $0^m,10$, la longueur de $0^m,33$ et la largeur de $0^m,31$. De cette façon, elles se superposent facilement. Un des côtés de chaque case, découpé à la scie tournante, reçoit un verre qui permet de constater la position intérieure, sans rien déranger. Sur le verre est appliqué, comme volet, la partie de bois enlevée par la scie, et ce volet est maintenu par deux petits taquets. Le fond supérieur de ces cases est garni d'un grillage formé de baguettes triangulaires ; le sommet de l'angle regarde l'intérieur, et la base vient affleurer sur les bords supérieurs. La base de chaque baguette est de $0^m,15$; elles sont séparées les unes des autres par un intervalle de $0^m,02$.

Chaque case est ainsi garnie d'un plancher à claire voie. Elles doivent être attachées ensemble au moyen de petits crochets et de pitons. Ces sortes de hausses ne contrarient en rien l'instinct des abeilles, puisque, n'étant nullement séparées les unes des autres, elles conservent une chaleur égale qui leur est nécessaire, et peuvent travailler dans l'intérieur sans être plus gênées que dans les ruches ordinaires.

Ma case supérieure est couverte par une planche dont les extrémités font saillie afin de former toit. Le milieu de ma planche est découpé en rosace, et sur cette rosace je pose un bocal où mes abeilles viennent déposer le miel le plus pur. Je puis toujours à mon gré prendre ce miel sans déranger en rien mes chères abeilles. Dans l'été, il est rare qu'elles restent dans cette partie supérieure de la ruche ; dans l'hiver, elles n'y habitent jamais, parce que le bocal se trouve séparé du corps de la ruche, et que, d'ailleurs, il ne pourrait s'y trouver assez de chaleur pour leur plaire.

Je me sers encore d'une autre ruche à hausses, que j'ai appelée *ruche bourgeoise,* parce que son prix et son usage conviennent plutôt à des amateurs qu'à la grande culture. Elle se compose, comme la précédente, d'un nombre indéterminé de cases, suivant l'époque à laquelle j'y introduis mon essaim et selon sa force. Elle est également verticale. Mes cases, faites aussi de bois de sapin rouge, ont la même hauteur, la même largeur et la même longueur, pour se superposer avec la même facilité. Deux des côtés sont mobiles et forment volet; leur ouverture est fermée par un verre maintenu seulement par trois ou quatre pointes. Ces verres ne doivent pas être fixés plus fermement, parce qu'il faudra les enlever pour la récolte du miel et de la cire, qui se fait par ces côtés. Du reste, les abeilles auront bien vite fait de les consolider au moyen de la propolis. Cette propolis ne gêne jamais pour enlever les verres au moment de la récolte, car en les approchant un peu de la flamme d'une bougie, elle s'amollit facilement. On peut, par ces fenêtres, constater aisément l'état de la ruche et considérer le travail de ses ouvrières. C'est un moyen qui a certainement son intérêt et son charme. Sur chaque fond de la case est adaptée, à fleur des bords, une planche de $0^m,01$ d'épaisseur; toutes mes cases sont aussi à double fond. Chacune de ces cases, formant fond, est régulièrement découpée en cinq rosaces et quatre

3.

ouvertures, le long des quatre côtés de $0^m,02$ de large sur $0^m,10$ et $0^m,15$ de long. Par ces rosaces et ces ouvertures, les abeilles peuvent parcourir leur cité en tout sens et entretenir la chaleur nécessaire.

L'avantage de ces ruches à double fond est très-grand, comme il est facile de le comprendre. Les rayons, en effet, n'étant jamais ni brisés, ni coupés, lorsqu'on enlève les cases, soit pour la formation des essaims artificiels, soit pour la récolte du miel, non-seulement on ne trouble jamais les abeilles, mais on n'en perd aucune. Le miel ne coulant jamais, puisqu'il ne peut y avoir ni coupure ni brisure de rayons, il ne peut non plus jamais y avoir de pillage, grave inconvénient de la plupart des ruches à hausses.

Je pose sur la case supérieure une planche dont les extrémités font saillie, ainsi qu'il a été dit pour la ruche à hausses à claire voie. On peut maintenir ce toit de plusieurs façons, ainsi qu'il est aisé de le comprendre. J'attache également mes cases les unes aux autres au moyen de petits crochets; mais ceci est un détail que chacun peut varier à sa guise.

CHAPITRE V.

Productions des Abeilles.

Les productions des abeilles sont d'abord les essaims, et ensuite ce qu'elles récoltent et ce qu'elles fabriquent, le miel, le pollen, la propolis et la cire.

Des essaims.

On appelle essaim l'émigration volontaire d'un nombre considérable d'abeilles, et essaimage cette action d'émigrer. Une même ruche peut jeter plusieurs essaims pendant le cours du printemps et de la belle saison. La vieille reine est toujours à la tête de la première colonie qui sort ; les autres sont conduites par de jeunes reines. Cependant la vieille reine ne quitte jamais sa ruche, sans avoir déposé dans les cellules royales, des œufs dont il sortira des reines après son départ. Les abeilles ne préparent ces cellules que lorsqu'elles voient leur reine occupée de sa ponte de mâles, et ceci est accompagné d'une circonstance remarquable : c'est qu'après avoir fait cette ponte, le ventre de la reine étant sensiblement diminué, elle peut facilement voler, tandis qu'avant de pondre les mâles, son ventre est si pesant qu'elle peut à peine se traîner. Il fallait donc qu'elle les pondît avant d'entreprendre un voyage, qui, quelquefois, peut être assez long. Mais cette condition seule ne suffit pas : il faut encore que les abeilles soient en grand nombre dans la ruche ; il faut qu'elles y surabondent pour qu'il se forme un essaim, et on dirait que ces mouches le savent; car si leur ruche est mal peuplée, elles ne construiront pas de cellules royales au moment de la ponte des mâles, qui est la seule époque de l'année où la vieille reine puisse conduire une colonie.

Lorsque le moment favorable est arrivé, la reine commence à s'agiter; sa démarche devient plus vive et elle laisse tomber ses œufs au hasard, tantôt dans les cellules, tantôt à côté. Elle passe en courant sur le corps des abeilles qui se trouvent sur son passage. Son agitation se communique avec rapidité aux abeilles qui reposaient sur les gâteaux et bientôt le trouble devient général. Les abeilles ne soignent plus leurs petits; toutes courent et se croisent en tous sens. Celles qui reviennent de la

campagne, participent à ces mouvements tumul-
tueux ; elles ne songent pas à se débarrasser des
pelottes de pollen qu'elles portent à leurs jambes et
courent aveuglément. En ce moment la chaleur
intérieure de la ruche augmente considérablement,
elle devient insupportable. Alors toutes les abeilles
se précipitent en flots vers les portes de la ruche et
leur reine avec elles. Pendant deux et trois minutes,
c'est un jet de mouches qui s'élance en s'épanouis-
sant dans les airs.

Lorsque la température est calme, les abeilles se
groupent facilement en grappe autour de leur
reine, qui se pose souvent sur un arbuste, à une
branche d'arbre. Mais lorsque le vent souffle avec
violence, les abeilles se trouvent éparpillées ; elles
sentent moins l'odeur royale et au lieu de se grap-
per, comme elles font en temps ordinaire, elles
se réunissent, comme elles peuvent, par petits
groupes.

Lorsque l'on voit au printemps, dit Huber, à
qui nous devons les plus exactes observations sur
ce sujet, une ruche bien peuplée et gouvernée par
une reine féconde, on peut être assuré qu'au mois
d'avril et de mai, elle pondra une quantité prodi-
gieuse d'œufs de mâles, et que c'est le moment que

les ouvrières choisiront pour construire plusieurs cellules royales.

Comme c'est la vieille reine qui conduit l'essaim, la première chose que fait un essaim, aussitôt qu'il est logé, est de construire des cellules d'ouvrières. Elles y travaillent avec ardeur, parce que les premiers œufs que la reine va y déposer seront les œufs d'ouvrières. Cette ponte dure ordinairement dix à onze jours, et pendant cet intervalle, les abeilles construisent des portions de gâteau à grandes alvéoles.

La reine en effet pondra encore des œufs de faux bourdons, en moindre nombre que la première fois, mais cependant en quantité suffisante pour que les abeilles soient encouragées à construire des cellules royales. Si dans ces circonstances, le temps est favorable, il n'est pas impossible qu'il ne se forme une seconde colonie que la vieille reine conduira encore trois semaines après avoir conduit le premier essaim. Ces sortes d'essaims réussissent assez bien; ils ont beaucoup d'activité, mais ils sont fort rares dans nos contrées.

Dès que l'ancienne reine a emmené son premier essaim, les abeilles qui restent dans la ruche soignent particulièrement les cellules royales, font autour d'elles une garde sévère et ne permettent aux jeunes reines, qui y ont été élevées, de n'en sortir que successivement à quelque distance les unes des autres. Il arrive quelquefois que la jeune reine qui sort la première, se jette sur les berceaux de sa rivale pour la percer de son dard. Si elle réussit, elle reste alors unique maîtresse de l'administration. Si quelqu'une d'entre elles parvient à s'échapper, c'est en champ clos qu'il faudra vider la querelle, et c'est la plus vaillante qui gagnera la victoire. Loin de s'opposer à ces sortes de duels, les abeilles semblent plutôt, dans ces cas, exciter les combattants. Lorsque les abeilles défendent leurs cellules royales contre la jeune reine, qui a remplacé la mère qui a conduit le premier essaim, il se forme souvent un deuxième, un troisième et même quelquefois un quatrième essaim. Mais tous ces essaimages affaiblissent considérablement la ruche en la dépeuplant. Les plus longs intervalles que l'on ait observés entre chaque essaim naturel est de sept à neuf jours; c'est pour l'ordinaire le temps qui s'écoule entre la première colonie que conduit la vieille reine et l'essaim que conduit la première des jeunes reines, qui est mise en liberté. L'intervalle

est moins long entre le deuxième et le troisième;
le quatrième part ordinairement le lendemain du
troisième.

Ainsi, dans les ruches laissées à elles-mêmes,
quinze à dix-huit jours suffisent pour le jet des
quatre essaims, si toutefois le temps est favorable.

Les essaims, en effet, ne sortent que par un temps
serein et calme. Il n'est pas toujours nécessaire que
le soleil brille ; si le vent est au sud et qu'il soit chaud,
les essaims sortent très-bien. Mais si la bise souffle,
s'il passe devant le soleil quelque nuage aux flancs
noirs, l'essaimage se trouve presque toujours re-
tardé, lors même que l'on en aurait observé tous
les signes avant-coureurs, comme le tumulte et
l'agitation. Le premier essaim n'est souvent pas
annoncé d'une manière bien précise ; mais les essaims subséquents le sont presque toujours par le
chant des reines. On appelle chant ici un certain
son que font entendre les jeunes reines que les
abeilles retiennent captives dans leurs cellules. Ce
son ressemble assez à la note que donne un diapa-
son lorsqu'on le frappe plusieurs fois successivement. Il est rare que les captives fassent entendre
la même note ; il y a quelquefois une tierce et même

une quinte de différence. Ce chant est le pronostic infaillible de la sortie d'un essaim secondaire, à moins que le temps ne devienne tout à fait défavorable, car lorsque le temps reste plusieurs jours de suite à la pluie, les reines détruisent toutes les cellules royales, et alors il n'y a pas d'essaim.

Essaims artificiels.

On appelle essaims artificiels ou forcés, les colonies que l'on forme par artifice, en prévenant l'époque de l'émigration naturelle et volontaire. Il est tout à fait nécessaire de former des essaims artificiels lorsque l'on possède un nombreux rucher. Par là on empêche le mélange de plusieurs colonies et l'on prévient leur perte. Il pourrait arriver, en effet, si on laissait les abeilles émigrer à leur gré, que plusieurs essaims sortissent en même temps et se réunissent en un seul groupe et que quelques autres, prenant un essor trop rapide et trop élevé, n'allassent se perdre dans quelque endroit écarté, où il serait impossible de les suivre.

Outre ces avantages, déjà assez considérables, l'essaimage artificiel présente encore celui de for-

mer les colonies au moment favorable. Certaine-
nement l'auteur de tout don a doué ces admira-
bles insectes de merveilleux instincts; cependant
l'homme, pour qui ils ont été créés, leur est infini-
ment supérieur. Il connaît encore mieux qu'eux
les ressources de la contrée; il sait plus sûrement
quelles fleurs pourront leur ouvrir leurs calices;
quelle sera la durée de ces fleurs et le butin
qu'elles pourront offrir. Par conséquent il doit
mieux comprendre l'opportunité de l'émigration.
Il arrive que des ruchées bien garnies de monde et
de provisions ne donnent cependant pas d'essaim,
soit par suite de la vieillesse de la reine ou de quelqu'autre infirmité, soit parce que les abeilles, con-
trariées par des pluies répétées, ont détruit les cellules royales; l'essaimage artificiel obvie encore à
cet inconvénient et vient enrichir l'apiculteur d'un
essaim qu'il n'aurait pas eu autrement.

Du miel.

Le miel est une substance douce et sucrée qui paraît sous une forme ou fluide ou visqueuse et en
petites gouttes. Les abeilles le recueillent tel qu'elles
le trouvent : elle ne changent rien à sa nature,

elles ne font qu'en rassembler les petites parcelles pour s'en servir selon leurs besoins. La différence des miels ne provient que de la différence de ses sources. Un terrain sec, abondant en herbes fines et aromatiques, en fournira d'excellent, et un autre fertile en arbres et en herbes communes, n'en donnera que d'inférieur. Aussi, en général, le miel des montagnes est bien supérieur à celui des plaines, et celui des plaines à celui des vallées humides et marécageuses. Telle est la raison de la supériorité des miels connus du mont Hymette.

Tous les végétaux distillent un miel propre, *sui generis*. C'est la quintessence de la séve, il monte avec elle. La chaleur le fait extravaser dans les nectaires, sur les fleurs, sur les feuilles et même quelquefois sur l'écorce des arbres. Le miel que les abeilles recueillent sur les fruits n'est également que la partie sucrée de la séve qui les a nourris.

Tous les sucres, les sirops, les glucoses, que nous livre l'industrie, sont-ils autre chose que cette même partie sucrée de la séve épaisse ?

La miellée, que distillent certaines espèces de pucerons, n'est encore autre que la liqueur sucrée de la séve qu'ils ont extraite des végétaux, où ils se sont attachés. Le principe sucré ou miellé dans les végétaux n'a donc qu'une seule origine, et ce principe unique est la séve. Aussi l'abondance du miel dépend-elle de la richesse de la séve.

Par cette raison, les causes qui augmentent la séve, augmentent nécessairement le miel, et les plantes qui sont riches en séve, sont également riches en miel. Voyez, qu'elle est magnifique la récolte de nos abeilles par ces temps chauds et lourds qui développent la séve ! C'est le sainfoin qui leur offre son calice si plein que nous-mêmes nous pouvons y boire ; ce sont les tilleuls et les chênes qui suent le miel par tous les pores. Mais le vent du nord vient-il à souffler sec et froid, les fleurs penchent leur tête, les feuilles ferment leurs pores, la séve s'arrête et le miel disparaît.

Les pluies du midi favorisent la séve et la sécrétion du miel conséquemment ; mais comme elles le lavent, on comprend que, pendant leur durée, il devient impossible aux abeilles de butiner. Il y a ainsi des jours où quelques centaines de ruches recueilleront une ample moisson, et d'autres où une dizaine seulement, dans le même endroit, ne pourront même pas vivre. Quand le vent est à la séve, pour me servir d'une expression rurale, les fleurs offrent un butin sans cesse renaissant : leur nectaire est à peine épuisé par notre laborieux insecte, que, cinq minutes après, il est déjà rempli.

Ces notions sont nécessaires pour apprendre à l'apiculteur le nombre de ruches qu'il lui sera utile de posséder avantageusement dans son rucher. Le parcours des abeilles, d'après ce que nous savons sur l'origine du miel, n'a donc aucune analogie avec le parcours des troupeaux, quoi qu'en disent la plupart des villageois, et la différence qui existe entre ces deux termes est facile à comprendre. Ne concluons pas cependant qu'il soit possible de multiplier indéfiniment les colonies d'un rucher; leur nombre doit toujours être déterminé, comme nous le dirons ailleurs, par la quantité et la qualité des fleurs de la contrée.

Chaque saison offre à nos abeilles son tribut de miel, mais aucune récolte n'est aussi abondante, dans les environs de Paris, que celle qui se fait au mois de juin. J'ai vu à cette époque des colonies recueillir quatre et cinq kilos de miel en une journée.

L'hiver leur présente à butiner les primevères, les giroflées simples, le romarin, les violettes, l'amandier, le pêcher, les saules, les ormes, les noise-

tiers, les cornouillers; le printemps, les épines
blanches, les cerisiers, les pommiers, les poiriers,
le trèfle incarnat, toutes les plantes oléagineuses et
en particulier le colza; l'été, les luzernes, les sain-
foins, les tilleuls, les châtaigniers, les petits trèfles
blancs, les miellées des feuilles sur certains arbres,
et en particulier sur les chênes, les ronces et les tilleuls; l'automne enfin, le blé noir ou sarrazin, les
bruyères, le lierre, les arbres verts, le moutardon
et les mille fleurs qui s'épanouissent au milieu des
haies et des taillis.

Du pollen, de la cire et de la propolis.

Les sommets des étamines des fleurs, qu'on
nomme anthères, sont entourés de grains de poussière de différentes couleurs. Cette poussière est ce
qu'on appelle pollen. Longtemps on a cru que ce
pollen que les abeilles apportent dans les petites
corbeilles qu'elles ont aux pattes, était la matière
première de la cire; mais des expériences claires
et que tout apiculteur peut répéter facilement, ont
détruit cette opinion erronée. Le pollen, en effet,
n'a aucune analogie avec la cire : la cire est pétris-
sable, tenace, gluante, combustible, fusible; le

pollen n'a aucune de ces qualités. La couleur originaire de la cire est blanche ; le pollen est de toutes nuances. Palteau, apiculteur distingué, auteur de la ruche en bois, après avoir amassé une quantité de pollen sur les fleurs, ne put jamais le convertir en cire.

Cependant le pollen est très-utile aux abeilles ; c'est une nourriture qui leur est nécessaire pour modérer la fluidité du miel, pour l'épargner même par une sage économie, y suppléer quelquefois, et qui paraît fort avantageuse pour l'éducation du couvain.

Quand le pollen devient vieux et dur, il ne peut plus être d'aucun usage ; aussi est-il retiré des magasins et jeté dehors. D'où vient donc la cire ? Tout le monde admet aujourd'hui que la cire est faite avec le miel. Les abeilles, en butinant le miel, le font passer dans le viscère destiné à le recevoir, le transsudent au travers d'une pellicule blanche qui se trouve dans la partie inférieure de leur corps et qui s'étend depuis le corselet jusqu'à l'extrémité. Elle se moule entre les six anneaux du ventre, et quand nos ouvrières se donnent une certaine agitation, elles font sortir la cire sous forme de petites pièces diaphanes, qui ont la figure d'un pentagone très-irrégulier. On trouve quelquefois deux morceaux de cire entre le premier et le second anneau, deux entre le deuxième et le troisième, deux entre le troisième et le quatrième, deux entre le quatrième et le cinquième, et enfin un seul entre le cinquième et le sixième ; de sorte qu'une abeille peut fournir neuf morceaux qui suffisent pour commencer une cellule et la rendre propre à recevoir un œuf. Pour ces opérations, les abeilles se servent de leurs dents, de leur langue et de leurs antennes.

Dans les jours favorables, lorsqu'un essaim vient d'être nouvellement logé dans une ruche, on voit une grande quantité de ces morceaux de cire tombés sur les siéges des ruches. Pour cette transsudation, les abeilles ont besoin d'une certaine chaleur : aussi lorsqu'elles commencent leurs édifices, les voit-on se presser et entourer les ciriers d'une nombreuse multitude pour faire naître cette chaleur nécessaire et favoriser ainsi leur opération. Il est vrai que l'on en voit quelquefois arriver des champs avec la transsudation commencée, mais cela n'arrive ordinairement que lorsque le temps est chaud et tout à fait à la séve.

Toutes les abeilles que j'ai surprises dans cette opération, n'étant jamais chargées de pollen, j'ai

facilement incliné vers l'opinion des naturalistes
modernes que je viens d'expliquer. J'ai été tout
à fait de cette opinion, après avoir vu mes abeilles
me donner de la cire avec du miel pur. Plusieurs
fois en effet, des colonies, que je nourrissais à cause
de leur indigence, ont allongé leurs rayons de plus
de dix centimètres, en une nuit de temps. Or, la
matière de cette cire nouvelle, fabriquée pendant la
nuit, ne pouvait être que ce miel que je leur don-
nais, puisque, d'un côté, elles étaient dans une indigence complète, et que, d'un autre, elles n'avaient
pu sortir pendant la nuit pour chercher d'autres
matériaux. Elles construisaient des rayons avec ce
miel, plutôt que de tout emmagasiner, afin de procurer à la reine plus d'espace pour sa ponte. J'ai
obtenu de beaux rayons de cire blanche, en four-
nissant à des abeilles, nouvellement introduites
dans une ruche complétement vide, de la glucose
en abondance. Comme il n'y avait, à cette époque,
aucune fleur dans tous les environs du rucher ;
comme toutes les plantes, au contraire, se fanaient
par suite d'une grande sécheresse, j'ai dû conclure
que les substances mucoso-sucrées, comme les sirops et les glucoses, pouvaient être converties en
cire par les abeilles.

En enfermant des abeilles dans une ruche sans aucune espèce de provisions, on a pu calculer par approximation la quantité de miel nécessaire à la fabrication d'un gramme de cire. Cette quantité est d'environ dix fois plus grande; pour un gramme de cire, il faudra donc dix grammes de miel environ. Plus le miel contiendra d'eau, plus il en faudra, l'eau s'évaporant par la transsudation.

L'analyse chimique du miel et de la cire confirme nos expériences; elle nous fait trouver en effet dans le miel le principe essentiel de la cire, qui est l'inflammabilité. Pour s'en convaincre, il suffit de prendre une allumette sans soufre, ou une mèche de coton, ou un morceau de papier, de frotter ces objets de miel et d'y mettre le feu. Alors le miel brûle presque comme de l'huile, en pétillant cependant, à cause de l'eau dont il est chargé. Dans la cire, cette eau a disparu par la transsudation, comme je l'ai déjà fait comprendre.

Les abeilles récoltent encore une autre substance qu'on appelle propolis. C'est une espèce de gomme résineuse, d'un caractère particulier. La propolis sert à consolider les ouvrages des abeilles, à boucher les moindres crevasses de l'habitation, afin d'empêcher le fluide et l'eau d'y pénétrer. Elles s'en servent également pour coller la ruche sur la tablette qui la supporte, afin de l'assurer contre la violence des vents. Jusqu'à présent, on s'en est peu servi dans l'industrie; il paraît cependant que la pharmacie commence à l'utiliser, spécialement pour la confection de certains vésicatoires.

CHAPITRE VI.

Des différentes méthodes de récolter le miel et la cire dans les ruches ordinaires.

Il est certain que toutes les méthodes, c'est-à-dire toutes les manières de cultiver les abeilles, ne peuvent pas donner les produits dont nous avons parlé. Il est donc important de bien raisonner celle que l'on doit suivre, afin de ne pas s'exposer à des mécomptes.

Il y a trois manières de récolter les ruches ordinaires : 1° en coupant une partie des rayons; 2° en étouffant les abeilles avec le soufre; 3° en les faisant passer dans une ruche vide.

Premièrement, la taille des ruches est l'opération par laquelle on enlève aux abeilles une partie

de leurs rayons. On dit, dans le même sens, dé-
graisser, couper, rogner les ruches. Cette opération, lorsqu'elle se fait au printemps, est vraiment désastreuse. L'opérateur détruit d'abord une
quantité de couvain en enlevant les rayons et écrase
nécessairement beaucoup d'abeilles; le miel, qui
coule et qui tombe sur elles, en fait périr un grand
nombre; la reine elle-même est en danger, et souvent elle est victime de cette pratique aussi difficile
que ruineuse. Aussi cette méthode est-elle peu sui-
vie. Les embarras et les inconvénients qui en ré-
sultent, la font toujours abandonner de ceux qui
veulent la tenter. Ce sont les mauvais succès de
cette méthode, qui ont porté les possesseurs d'abeilles
à les étouffer avec du soufre pour faire leur récolte
avec plus de facilité et plus de profit.

Les apiculteurs qui font périr leurs abeilles pour
les dépouiller, comparent leur méthode à celle d'un
laboureur qui tue ses bœufs, après en avoir tiré
tous les services dont ils sont capables. La parité
est loin d'être exacte : le bœuf, ainsi traité par le
laboureur, a rempli sa double destination, celle de
travailler pour l'homme et de servir ainsi à sa nourriture; mais une société d'abeilles, après avoir sub-
sisté deux ou trois ans dans son vaisseau, n'est

point arrivée au terme de ses services. Je comparerais plus volontiers leur conduite à celle de cet insensé dont nous parle la Fable, qui, voyant sa poule pondre des œufs d'or, l'égorgea pour s'emparer plus vite de tout le trésor qu'elle possédait en elle. L'étouffage des abeilles est non-seulement une barbarie que l'on ne saurait trop flétrir, mais encore une folie qui ruine celui qui la pratique. Il faut donc rejeter comme mauvaise l'opinion du F. Espanet, qui prétend qu'après avoir essayé diverses méthodes, on revient toujours à la plus ancienne, qui est de sacrifier des abeilles pour extraire le miel. On peut toujours transvaser les abeilles, et si l'on ne veut pas les nourrir, lorsque la contrée ne leur offre pas assez de fleurs pendant l'arrière-saison pour leur permettre de ramasser des provisions suffisantes, on peut toujours les réunir à d'autres colonies.

Le transvasement, malgré tout le mal que se plaisent à en dire certains ruchomanes, est, j'ose l'affirmer, le système qui nous donne les plus beaux bénéfices dans les localités médiocres, aussi bien que dans celles qui sont avantageuses, lorsqu'on sait l'appliquer avec intelligence.

La ruche villageoise d'une seule pièce est d'un

prix tout à fait minime, et les abeilles s'y plaisent parfaitement. Les produits qu'elles y entassent, sont magnifiques, et au moins aussi abondants que ceux qu'elles nous donnent dans les ruches les plus parfaites et les mieux dirigées. La raison de l'extrême convenance de cette ruche pour les abeilles, est, comme nous l'avons déjà dit, qu'elles s'y trouvent comme à l'état naturel. Elles se groupent facilement et entretiennent par cette raison la chaleur qui est nécessaire pour l'éducation de leur famille. Rien ne gêne leurs mouvements, rien n'obstrue l'arrivée des magasins. En un instant, elles sont aux portes de leur cité; en un instant, elles sont dans leurs cellules.

Lorsque l'on se sert de ruches ordinaires, c'est donc le transvasement qu'il faut employer pour obtenir les résultats que j'ai annoncés dans le chapitre qui traite du produit des ruches. C'est là le vrai progrès de l'apiculture; cette méthode seule aussi peut concilier les sentiments de reconnaissance que nous devons à nos laborieuses et intelligentes petites ouvrières.

DEUXIÈME PARTIE.

CONSIDÉRATIONS PRATIQUES.

CHAPITRE PREMIER.

Des Abeilles pendant l'hiver.

Les abeilles vivent pendant l'hiver, sans éprouver d'engourdissement léthargique , comme certains animaux. Mille circonstances influent sur leur plus ou moins grande consommation pendant cette saison : l'agitation qu'elles éprouvent, la variation fréquente de la température, un soleil clair et chaud ; aussi, les ruches qui sont le mieux abritées contre ces diverses influences, dépensent-elles moins que celles qui y sont exposées. Cette différence est quelquefois de moitié. Il est donc important de parer à ces inconvénients, en plaçant les ruches où les abeilles n'éprouveront aucune secousse, ni aucune agitation, en évitant de leur laisser des ouvertures du côté du soleil. Il ne faudrait pas cependant pour cela les renfermer tout à fait, car elles ont besoin d'air et d'un air pur, comme tout ce qui respire. La privation d'air a souvent été cause de la mort de colonies bien peuplées. Lorsque l'air devient chaud et doux, les abeilles privées de liberté ne peuvent en profiter ; les maladies se déclarent, les morts s'entassent, l'air qui n'est pas renouvelé se vicie tout à fait, la mortalité devient considérable, la colonie est décimée rapidement et bientôt détruite, si l'on n'arrive pas à son secours. Un peu d'attention fera éviter ces accidents.

Pendant l'hiver, les abeilles ont à redouter des ennemis qui ne les attaqueraient jamais au moment où elles sont actives et vigoureuses ; ce sont les mulots, les souris et autres animaux de cette sorte. C'est à l'apiculteur alors à pourvoir à leur défense, et ce lui sera toujours chose facile, quelles que soient ses ruches, s'il aime tant soit peu ses abeilles. Il trouvera toujours les moyens convenables de combattre avec succès ces ravageurs rusés.

L'apiculteur désireux de voir ses colonies garder leur vigueur et se multiplier rapidement pour fournir des essaims hâtifs, devra les visiter de temps à autre, afin de pourvoir à leurs différents besoins. Il fournira aux faibles les moyens de se fortifier, ne craignant jamais d'être prodigue, parce que la reconnaissance de ses obligées sera toujours en raison de ses bienfaits. En effet, ce que nous donnons à ces laborieux insectes dans leur détresse nous est toujours rendu avec les plus gros intérêts. Une nourriture abondante leur donne la facilité d'élever une nombreuse famille, qui, dans le temps favorable, recueillera une riche moisson. Le maître avare, au contraire, qui leur mesure la nourriture avec parcimonie, sera tristement puni de cette avarice en perdant ses petites peuplades avec les aliments qu'il ne leur donnait qu'à regret.

Cependant je ne conseillerai jamais de nourrir les abeilles pendant l'hiver. Je l'ai souvent essayé et j'ai rarement été récompensé de mes soins. C'est une besogne qu'il ne faut jamais remettre à cette saison. Nourrissez vos petites colonies aussitôt que les fleurs disparaissent de vos champs, comme je l'expliquerai plus loin, et vous serez bien plus assuré du succès. Je sais qu'on vous indiquera toutes sortes de moyens pour donner avec avantage de la nourriture à vos abeilles. On vous dira de rentrer vos peuplades dans un endroit chaud, et là de les nourrir en fermant toutes les issues de leur habitation. On vous engagera de servir chaud votre miel

et de l'entretenir dans cet état au moyen d'un ré-
chaud légèrement chauffé. De tous ces moyens, le
meilleur n'en vaut rien. Vous agitez vos abeilles et
vous les forcez à consommer deux et quelquefois
trois fois plus de miel qu'elles eussent fait, si elles
fussent restées à leur place ordinaire. C'est là le
moindre mal. Consommant davantage, et ne consommant ordinairement que du miel de qualité inférieure, elles éprouvent le besoin de sortir de leur
demeure, et ne pouvant le faire, soit parce qu'elles
sont enfermées, soit parce que la température ne le
permet pas, alors elles sont bientôt décimées par la
dyssenterie.

Voyez aussi si les vapeurs intérieures de la ruche
n'occasionnent pas quelque accident. Si le froid se
fait vivement sentir et que le thermomètre des-
cende à plusieurs degrés au-dessous de zéro, il peut
arriver, dans certaines ruchées, que les vapeurs se
condensent en épais glaçons sur les parois intérieures ; voyez, au premier changement de température, si vos abeilles n'ont rien à redouter dans
ces circonstances. Les rayons peuvent moisir ; pro-
fitez d'un temps sec pour les aérer en élevant votre
ruche sur de petites cales de deux et trois centimètres. La dyssenterie peut attaquer vos chères

ouvrières, donnez-leur également un peu d'air ; frottez leur siége avec quelques herbes aromatiques ; enfumez-les même, si l'air est trop vicié. La fumée chassera les miasmes mortels que recélait votre ruche, et vous sauverez une famille.

J'ai souvent employé avec succès contre cette maladie la fumée de tabac. Un ou deux cigares me suffisaient souvent pour cette opération : deux ou trois jours de suite, j'arrosais ma ruchée de leur odorante fumée et les miasmes pestilentiels disparaissaient. Voici encore un autre moyen qui pourra vous réussir. Faites bouillir dans deux ou trois hectos de bon miel quelques plantes aromatiques, ajoutez deux cuillerées de bonne eau-de-vie et servez à vos chères malades.

L'hiver est la saison des tempêtes et des grands vents ; quand on n'a pas de rucher clos, lorsque les ruches sont isolées, il faut veiller à ce qu'elles ne soient pas renversées. Pour cela, on emploie toutes sortes de moyens qu'indiquent souvent les lieux mêmes où se trouvent les ruches et les divers objets qui peuvent les avoisiner. Les uns fixent les tablettes sur les piquets qui les supportent ; d'autres consolident leurs ruches par de forts pieux. Je conseillerai, à ceux qui ne craignent pas quelque dépense, d'établir un brise-vent devant leurs ruches. C'est un pavillon d'un mètre de haut que l'on établit, pendant la mauvaise saison, un mètre en avant des ruches. Ce paillasson a encore un autre avantage, celui d'intercepter les rayons des soleils d'hiver, si dangereux pour les abeilles.

Trompées, en effet, par cette chaleur d'un instant, elles s'empressent de sortir, et comme elles s'ébattent avec plaisir, un nuage aux flancs rouges et noirs vient subitement voiler la face du soleil, l'air se refroidit et nos abeilles saisies restent sans vigueur à l'endroit où elles se sont posées et meurent ainsi en grand nombre. Ce brise-vent peut, par cette même raison, être placé dans un rucher couvert, mais non ermé. On maintient ce paillasson d'une manière solide au moyen de quelques piquets.

Dans le moment des neiges, les abeilles rencontrent souvent un ennemi dangereux dans le pivert. Cet oiseau perce les vaisseaux de paille et de troëne comme il perce les arbres; puis il ravage l'intérieur quelquefois d'une manière si désastreuse que la mort de la colonie peut s'ensuivre. Il est donc important de veiller le rucher dans ces circonstances, et si l'on aperçoit ce ravageur insolent, il faut lui tirer quelques coups de fusil. On l'éloignera ainsi rapidement, quand même on ne réussirait pas à le tuer.

Tels sont les soins que les abeilles peuvent réclamer de leur maître pendant la mauvaise saison. Ils sont simples et faciles, comme on le voit, et, pour peu qu'on porte d'intérêt à son rucher, ils deviendront plutôt une distraction qu'une fatigue et un ennui.

CHAPITRE II.

Le Printemps.

L'hiver a fui, le soleil chaque jour agrandit sa carrière, ses feux régénérateurs réchauffent incessamment le sein maternel de la terre que les pluies légères et les vents tièdes ont fécondée. Tout s'anime, tout prend un aspect nouveau. Les campagnes ont rejeté leur sombre manteau d'hiver pour se revêtir de leurs gais habits de printemps. Entendez-vous les oiseaux mêler leurs joyeux refrains aux chants de l'émondeur? La joie et l'espérance font battre tous les cœurs. C'est pour l'apiculteur surtout que ce réveil est enchanteur. Pendant la froide saison, mille inquiétudes troublaient son esprit : quand les vents grondaient avec violence, il craignait pour ses chères abeilles. Il avait pris bien des soins pour garantir leurs toits, mais qui peut résister à ces tempêtes violentes qui arrachent les plus vieux chênes de la forêt? Quand les pluies tombaient pendant des semaines entières, il craignait encore : l'humidité est si funeste! Quand le froid devenait plus vif et plus intense, il craignait encore : tout son monde était-il bien abrité? Si le soleil se montrait trop souvent, si la température était tiède, il craignait encore : les provisions seraient-elles suffisantes?

Maintenant tous les soucis sont passés; il ne rêve plus que ruisseaux de miel et montagnes de cire. Les jardins, les champs, les bois, les prairies, se couvrent de mille fleurs; la brise, en passant, emporte leurs parfums pour les répandre à travers l'espace. La diligente abeille, guidée par ces odorantes suavités, s'en va de fleur en fleur recueillir son butin. Oh! c'est alors que la vie revient au rucher! Quelle activité! quel mouvement! Comme tout le monde s'empresse! Comme tout le monde paraît affairé! Le temps du repos est passé, c'est maintenant la saison du travail. Plus d'oisifs, chacun court où son devoir l'appelle. Voyez ces multitudes d'ouvrières revenant chacune avec leur fardeau. Comme elles sont fières, comme elles sont heureuses de ce butin qu'elles rapportent! On dirait qu'elles n'ont qu'une ambition, celle d'apporter les plus grosses charges; elles n'ont qu'un désir, celui d'arriver le plus vite.

A la vue de ce travail incessant, de ce courage inépuisable, de cette ardeur infatigable, qu'elles sont douces les émotions de l'apiculteur! Comme il laisse avec bonheur errer ses pensées sur les ailes du bruit grondeur que font ses chères abeilles! Oui, le printemps apporte à l'apiculteur une joie, un charme et un bonheur ineffables qu'il faut avoir éprouvés pour pouvoir les comprendre.

C'est aussi pour l'apiculteur le moment du travail. L'hiver a pu laisser des magasins entièrement vides : il faut subvenir à la nécessité de ces pauvres colonies. La reine a commencé la grande ponte ; la famille augmente, les besoins aussi; il ne faut donc pas tarder. Le miel n'abonde pas dans les fleurs dès le commencement des beaux jours. Le soleil, en ranimant tout dans la nature, n'a cependant pas encore dissipé ces nuages noirs aux flancs remplis de grêles et de neiges fondues qui viennent arrêter la végétation en avril et quelquefois en mai. Les nuits sont encore bien froides; elles permettent trop souvent à la gelée blanche d'arrêter le cours de la séve, de l'interrompre, et, par suite, d'empêcher la sécrétion du miel dans le nectaire des fleurs. Si vous vous servez de ruches à hausses, il vous sera facile de nourrir vos indigentes. Allez à votre réserve prendre une case pleine de miel. Si vous n'avez pas de réserve, allez trouver une riche famille; vous savez comment il faut présenter ses demandes d'emprunt. Soufflez quelques bouffées de fumée et enlevez lestement la case supérieure. S'il y restait quelques abeilles, chàssez-les dans la crainte que vous n'ayez enlevé la reine. C'est une opération qui ne doit pas vous effrayer; vous serez peu de temps à la faire bien et facilement. Si les habitants de la colonie que vous voulez secourir étaient peu nombreux, il vaudrait beaucoup mieux les réunir à une autre peuplade. Lorsque vous vous servez de ruches vulgaires, il faut, dit l'abbé Collin, pour secourir vos gens, leur mettre la nourriture sous le nez, c'est-à-dire qu'après avoir versé votre miel dans une assiette, l'avoir entièrement recouvert de petits brins de paille, afin que vos abeilles ne s'engluent pas, vous placerez votre assiette sous votre ruche, de manière que les rayons effleurent votre miel. Il va sans dire que, pour empêcher le pillage, vous aurez soin de n'offrir cette nourriture que la nuit, ou bien, si vous la présentez le jour, vous rétrécirez convenablement l'entrée de votre ruche.

La prospérité d'une ruche dépend de la fécondité de la reine. Un nombreux couvain excite la colonie au travail, tandis qu'au contraire, une ruche dont la reine est inféconde, marche rapidement à sa ruine. Cette différence est facile à concevoir. La colonie, chaque jour, éprouve des pertes assez nombreuses : ce sont les maladies, les vents, les orages, les animaux, les oiseaux qui enlèvent des ouvrières. Si elles ne sont pas remplacées, la dépopulation se fait rapidement, et aussitôt que les abeilles s'en aperçoivent, le découragement s'empare d'elles, et si l'on ne remédie promptement à cet état de choses en leur procurant une autre reine, ou en les mariant à une autre peuplade, c'en est fait de la ruche entière. Les travaux cessent, la cité n'est plus gardée et les pillardes peuvent venir sans crainte attaquer le trésor. Loin de s'opposer à leurs larcins, on se mettra de la partie, et on ira chercher asile dans d'autres cités.

Au printemps a lieu la grande couvée; il faudra

donc la favoriser par tous les moyens possibles. Il faudra veiller à ce que les ruches soient bien abritées contre les vents et l'humidité, afin que la chaleur intérieure soit toujours égale et que la couvée ne souffre pas de la variation de la température. Les vents pourraient renverser vos ruches et briser des rayons garnis de couvain, l'humidité pourrait les moisir et développer au sein de la colonie la dyssenterie ou la loque, ce qui serait pire encore. Si vous vous apercevez de quelques-uns de ces accidents, agissez suivant les conseils que je vous ai déjà donnés pour de semblables circonstances.

S'il n'y avait pas dans la proximité de votre rucher quelque petit ruisseau, où vos abeilles pussent aller se désaltérer et prendre les provisions nécessaires à la couvée, il faudrait remplir d'eau quelques grands vases, et les recouvrant de paille fine, ou de mousse, les placer à quelques pas des ruches, afin d'épargner à vos ouvrières de trop longues courses. L'eau est tout à fait nécessaire aux abeilles ; au printemps surtout, elles en font une grande consommation. Tous les auteurs qui ont traité des abeilles, ont toujours reconnu cette vérité. Virgile a dit :

At liquidi fontes et stagna virentia musco
Adsint et tenuis fugiens per gramina rivus....

Je veux près des essaims une source d'eau claire,
Des étangs couronnés d'une mousse légère ;
Je veux un doux ruisseau fuyant sous le gazon…..

Vous pourrez quelquefois, au sortir de l'hiver, rencontrer des colonies sans activité. Hâtez-vous de découvrir la cause de cette inaction. La mort sans doute a passé par là ; la reine a péri et tout le peuple est dans le deuil et la désolation. Il vous sera facile de vous assurer du fait. Après avoir pris les précautions ordinaires, retournez votre ruche, visitez les rayons ; les cellules du milieu ne sont-elles pas vides ? Ne remarquez-vous pas qu'il n'y a aucune trace de couvain ? C'est là un indice que votre ruchée est sans reine ou qu'elle n'en possède qu'une stérile, ce qui est la même chose pour les abeilles.

Si votre colonie est riche en ouvrières et en provisions, cherchez-en une faible et mariez-les ensemble. Bientôt la joie, l'activité et le travail renaîtront au sein de cette population rappelée à la vie par l'espoir d'une nombreuse couvée. Si au contraire, votre orpheline est pauvre, introduisez-la dans une famille aisée. Vous connaissez les moyens de la faire adopter ; employez-les pour être assuré du succès.

Mais le soleil s'est élancé comme un géant dans

sa carrière, les pluies ont cessé, les vents sont apaisés; à la froidure des nuits ont succédé de tièdes rosées; la végétation est devenue magnifique; les fleurs distillent un miel abondant et sans cesse renaissant. A la faveur de toutes ces circonstances les couvées ont grandi, les familles se sont multipliées. L'émigration va commencer. Les bourdons en sortant gaiement faire leur promenade dans l'après-midi, cette odeur de cire que vous respirez avec tant de satisfaction à la fin de la journée, cette eau qui mouille au matin l'entrée de vos ruches, vous annoncent la prochaine sortie de vos essaims. Ce sourd grondement que vous entendez augmenter chaque jour, doit vous faire comprendre qu'on fait les préparatifs du départ.

C'est aussi pour l'apiculteur l'heure des grands préparatifs. Il faut disposer les ruches, préparer tous les instruments dont on doit se servir, soit pour la formation des essaims artificiels, soit pour cueillir plus facilement les essaims naturels. Il faut aussi préparer le laboratoire, car trois semaines après l'essaimage, ce sera le moment favorable de faire les châsses. C'est l'heure surtout de faire le guet au rucher : un essaim peut partir à l'improviste, il faut être là pour le recevoir.

Ne vous laissez jamais aller à la mauvaise pensée d'augmenter votre rucher en isolant les essaims secondaires. Réunissez-les toujours, soit à un autre, soit à une châsse, soit à la souche, si elle paraît affaiblie. Ces essaims ne réussissent guère que dans des localités très-favorables, ou dans les endroits où l'on cultive le blé noir, ou encore dans le voisinage des bruyères. Recherchez les fortes populations : deux essaims secondaires réunis vous donneront toujours plus de produits que s'ils fussent restés isolés.

Lorsque la température est favorable, lorsqu'il y a de ces chaleurs sourdes qui font pousser les plantes avec une telle luxuriance de végétation, que leurs tiges se penchent sous l'action du soleil par suite d'une croissance trop rapide, le miel alors abonde dans toutes les fleurs. Il faut profiter de cette riche moisson qui se présente. Si vous avez des ruches à hausses, à mesure que vos ouvrières les rempliront, il faut leur fournir de nouvelles cases. Si vous avez des ruches à chapiteau, à calotte, il faut enlever vos chapiteaux et vos calottes et les remplacer par des vides. Avec un temps favorable, vos ouvrières auront vite réparé vos larcins.

En retour de ces soins que vous prendrez de vos

abeilles, elles vous donneront des trésors de miel et de cire.

Ergo apibus fetis idem atque examine multo
Primus abundare et spumantia cogere pressis
Mella favis…..

GÉORG., IV.

CHAPITRE III.

L'Été.

Il faut veiller le rucher, comme dans la saison précédente. Les beaux jours peuvent avoir été tardifs, les fleurs de votre contrée ne sont peut-être pas hâtives ; dans ces circonstances, vos essaims n'arriveront ou ne pourront se faire que dans l'été. Avancer l'essaimage inconsidérément, sans raisonner non-seulement l'état de ses colonies, mais encore la flore de sa localité, serait s'exposer à de cruels mécomptes. L'essaimage artificiel, comme l'essaimage naturel, ne peut jamais être qu'en raison de la richesse des ruches et de l'abondance des fleurs. De même la cueillette du miel et de la cire ne peut être avantageuse, en général, que lorsqu'elle se fait d'après les règles établies précédemment. Les travaux de l'essaimage et de la récolte, indiqués pour le printemps, peuvent donc n'avoir lieu quelquefois qu'en été.

Ensuife, lorsque sous l'action incessante du soleil, les moissons ont blanchi, lorsque ses ardeurs dessèchent toutes les plantes autour de votre rucher, d'autres soins vous attendent. Abritez bien vos jeunes essaims; les feux dévorants de la canicule pourraient fondre leurs rayons frêles encore. Le miel alors coulant sur le siége attirerait les vagabondes, et bientôt le pillage de votre rucher vous punirait de votre imprévoyance.

A l'époque où les prairies sont tombées sous la faux du moissonneur, il arrive quelquefois une sécheresse désolante qui laisse nos ouvrières dans la plus profonde disette. C'est en vain que, chaque matin, elles s'en vont rôder aux champs, aux bois, aux prés pour trouver quelque butin; tout semble frappé de stérilité. Le soleil est brûlant le jour, le vent du nord empêche l'action bienfaisante de la nuit sur la végétation. Les plantes penchent tristement leurs têtes vieillies avant le temps; les feuilles des arbres de la forêt se dessèchent; les petites fleurs des haies ont disparu. En attendant qu'une pluie bienfaisante ranime toutes ces plantes, fasse éclore de nouvelles fleurs, ou qu'un temps orageux fasse suer le miel aux feuilles des vieux chênes, aux pruniers de vos jardins, aux tilleuls de vos promenades, aux ronces de vos buissons, que deviendront vos essaims, que deviendront vos châsses qui commencent à peine leurs travaux ?

Si vous les abandonnez en ce moment, vous pouvez être assuré de leur perte. Les reines de ces malheureuses colonies cesseront de pondre, ou bien leurs œufs seront perdus faute de rayons pour les recevoir : bientôt les pertes n'étant plus réparées par une heureuse couvée, la dépopulation se fera rapidement, et alors, ou ces ruchées affaiblies abandonneront leur demeure et un maître trop avare ; ou elles périront en automne, n'ayant pas pu profiter avantageusement de ces fleurs quelquefois encore abondantes, que la fin de l'été et le commencement de l'automne voient éclore. Que faire ? Nourrir ces populations à une pareille époque vous semblera peut-être étrange et d'une économie détestable. Cependant c'est le seul moyen de les sauver ; oui, nourrissez toutes vos bonnes populations qui se trouvent quelquefois dans l'indigence la plus complète à cette époque de l'année, par une subite recrudescence de chaleur et l'influence d'un vent brûlant et stérile. Agissez largement, sans parcimonie, vous en serez copieusement récompensé. Vos ouvrières prolongeront immédiatement leurs constructions; la reine y continuera sa ponte, ponte sans doute moins considérable que celle du printemps, mais malgré cela, toujours très-avantageuse pour la colonie. Si ensuite une pluie bienfaisante ranime les plantes, si l'automne est favorable, vous verrez avec quelle activité ces populations que vous aurez secourues à temps se livreront au travail. Il est rare certainement que la dépense faite en ces circonstances ne rapporte pas 50 p. 100. Trouvez-vous que ce soit un profit à dédaigner ? Ne paye-t-il pas assez richement vos soins et vos peines ?

Maintenant quelle nourriture faudra-t-il offrir à ces ruchées dans cette saison où les champs sont sans fleurs, et où par conséquent les maraudeurs sont nombreux ?

Ordinairement la glucose, ou sirop de fécule ou de froment, est d'un prix très-modique; c'est ce sirop que je donne de préférence à mes colonies populeuses, mais indigentes. Je leur en sers deux et trois kilog. à la fois, en prenant les précautions d'usage. En deux jours et deux nuits ces deux à trois kilog. sont convertis en cire, ou emmagasinés selon les besoins de la colonie. En suivant cette pratique, non-seulement vous conserverez vos essaims tardifs, mais encore vos châsses, et vous aurez le bonheur de les voir arriver au printemps suivant dans les conditions les plus favorables.

Dans les beaux jours et particulièrement en été et dans les années sèches, on voit croître et se multiplier avec une rapidité effrayante l'ennemi sans aucun doute le plus terrible des abeilles, celui contre lequel elles ne peuvent se défendre et devant qui elles sont forcées de fuir, si l'on ne vient à leur secours. Cet ennemi, c'est la teigne, espèce de chenille, qui subit les métamorphoses communes à ces insectes et se change à la fin de ses jours en phalène, ou papillon de nuit. Le frêlon et la guêpe attaquent nos ouvrières à force ouverte ; mais la teigne a des moyens plus sûrs et moins brillants. Elle les prend par la famine, sape leurs murailles de cire, détruit leurs provisions, et n'employant que la ruse, parvient souvent, sans danger, à se rendre maîtresse d'une place que la valeur aurait pu disputer à la force. Voici comment le fait arrive : le papillon qui vient de cette chenille, s'introduit secrètement dans la ruche, à la faveur de la nuit, et va déposer en silence ses œufs dans un coin des rayons. L'œuf éclôt sous l'influence de la chaleur de la ruche; l'insecte se dérobe d'abord par sa petitesse, aux yeux vigilants des abeilles; bientôt après, au moment où sa grosseur pourrait le trahir, il s'enveloppe d'une petite coque de soie qu'il fortifie de jour en jour et qui devient enfin impénétrable à leur aiguillon.

A l'abri de ce retranchement, il se nourrit impunément des provisions qui sont auprès de lui. Quand elles sont épuisées, il file une nouvelle soie, allonge toujours sa galerie, et s'avançant sous son chemin couvert, traverse tous les rayons, mine toutes les alvéoles; et si plusieurs de ces insectes se réunissent et croisent en même temps leurs travaux, la ruche devient impraticable et les abeilles sont obligées de l'abandonner.

Lorsque vous apercevrez cet ennemi dangereux, poursuivez-le à outrance. Le soir, par un temps calme, faites le tour de votre rucher, armé d'une lumière. Comme tous les papillons, votre phalène viendra voltiger autour de cette lumière. Alors elle se brûlera et vous pourrez facilement la détruire. On combat encore cet ennemi avec succès pendant une nuit sereine, en allumant une veilleuse que l'on place à quelques pas seulement du rucher, au

milieu d'un grand vase rempli d'eau miellée. Atti-
rées par l'odeur et la lumière, les phalènes, produc-
trices de la teigne, viennent se brûler à la veilleuse
et se noyer dans l'eau miellée.

Mais si déjà quelque ruchée se trouvait attaquée
par ce dangereux insecte, ce que vous reconnaîtrez
facilement à l'inaction de vos ouvrières, à des miettes de cire éparses sur le siége, à de petits grains
noirs semblables à de la grosse poudre, mêlés à
ces miettes, visitez vite votre ruche. Si le mal n'est
pas trop grave, taillez, rognez tous les rayons où la
teigne établit ses galeries. Si les ravages sont trop
considérables, chassez vos abeilles dans une autre
ruche, soit pour les marier à d'autres, soit pour les
laisser seules, suivant leur nombre et la saison.

Il ne faut cependant pas croire que la teigne ravage également tous les ruchers. Lorsqu'on suit une
bonne méthode, lorsqu'on renouvelle presque chaque année, ou au moins tous les deux ans, les édifices des abeilles; lorsqu'on a soin de bien préparer
les ruches, avant d'y loger ses colonies, il est excessivement rare que la teigne puisse se développer au
point de causer la ruine de la ruchée. C'est une vérité à laquelle tous les apiculteurs intelligents peuvent rendre témoignage.

L'été, au lieu d'être sec et brûlant, peut être chaud et humide. C'est un temps riche pour l'apiculteur : les fleurs, sans cesse rafraîchies par de légères rosées, conservent leur vigueur, et la sécrétion du miel continue à se faire avec abondance. Il faut profiter de cette moisson : changez les chapiteaux, les bocaux, les cabolins, intercalez des hausses vides au milieu des hausses pleines de vos fortes colonies, placez-en dessus, dessous, suivant les besoins et les desseins que vous vous proposez. En peu de temps vos ouvrières rempliront d'un miel fin ces hausses, ces chapiteaux et ces bocaux que vous aurez placés ; tandis qu'elles resteraient à peu près inactives, si vous ne saviez pas, en temps opportun, exciter leur courage et profiter de leur merveilleux instinct. Mais si, au lieu de cette température chaude et humide dont je parle, il survenait des pluies fréquentes et quelquefois froides, il faudrait agir comme dans les étés secs et brûlants. Dans ces circonstances, fâcheuses en effet, il n'y a aucun miel dans les fleurs. Ces pluies abondantes le lavent au fur à mesure que les feuilles le distillent, et même le froid qui survient ordinairement à leur suite en arrête la sécrétion. Si vous tenez à vos colonies, vous aurez donc soin de nourrir pendant ce temps critique, celles qui seraient sans provisions, afin qu'elles soient prêtes à profiter avec avantage des beaux jours qui pourraient revenir.

CHAPITRE IV.

L'Automne.

———

Lorsque les moissons sont rentrées dans les greniers du laboureur, lorsque les dernières herbes des prairies sont livrées à la pâture des troupeaux, les fleurs deviennent rares dans nos champs, et nos ouvrières commencent à se livrer au repos et à vivre sur les provisions qu'on leur a laissées. Elles vont bien butiner encore sur les fruits avancés, mais la miellée qu'elles en retirent est peu avantageuse. Il est même rare que cette récolte augmente sensiblement le poids des ruches. Cependant vos abeilles peuvent être dans le voisinage des bruyères, et alors elles trouveront une nouvelle moisson, si l'été n'a pas été trop brûlant et si les fleurs ont été favorisées par de douces rosées. Il vous sera même facile, à cette époque, de vous procurer un miel de bruyères pur. Quoiqu'on l'estime peu, tel qu'on le livre au commerce, ce miel est néanmoins très-parfumé, lorsqu'on ne le laisse pas séjourner dans la ruche, et il a certainement son mérite, lorsqu'on le mange en rayons. Pour l'obtenir pur, on intercale une hausse vide entre la troisième et la quatrième d'une forte ruchée. Lorsque le vent est du midi, en peu de temps la hausse est pleine et on la retire aussitôt. Si on tardait à l'enlever, la cire se ternirait et l'ensemble ne présenterait pas un aussi bel aspect.

Ce sont là les derniers produits que l'apiculteur peut espérer dans nos contrées. Bientôt les gelées blanches arrivent, les arbres se dépouillent de leurs feuilles, les plantes se dessèchent, il faut dire adieu aux fleurs, adieu au miel qu'elles distillent, adieu à toutes les productions de nos intéressantes ouvrières. Avant que la température ne se soit refroidie, c'est l'heure de passer la revue du rucher. Voyez si vos familles sont assez peuplées pour résister à l'hiver qui s'avance, si les provisions seront suffisantes pour attendre jusqu'à la saison prochaine. Lorsque les colonies sont peuplées et qu'elles n'ont pas le viatique nécessaire, il faut le leur offrir en toute hâte, avant que le froid ne les empêche de l'emmagasiner. On pense généralement que les abeilles consomment en moyenne un kilog. de miel par chaque mois de la mauvaise saison. Il est certain que pendant décembre et janvier elles ne dépensent pas un kilog. chacun de ces mois, mais ces dépenses augmentent progressivement ensuite, en raison de la couvée qui commence ordinairement en février et qui se développe progressivement aussi jusqu'à l'essaimage. Assurez donc à chaque famille une provision de huit ou dix kilog. de miel; avec cette avance, non-seulement vos ouvrières ne redouteront pas la famine, mais elles arriveront à la saison des fleurs dans d'excellentes conditions.

Si vous rencontrez quelques colonies faibles en population, ne pensez pas à les laisser isolées. C'est le fait d'un apiculteur peu intelligent de tenter à conserver ces pauvres populations. Mariez-les à d'autres plus riches, comme je vous l'ai déjà conseillé à une autre époque. Ces réunions d'automne ne peuvent pas toujours se faire par la châsse; il est bien plus simple et plus expéditif d'employer l'asphyxie momentanée. Il y a plusieurs moyens de faire cette opération. Voici celui que j'emploie : je transporte au point du jour dans mon laboratoire la ruche dont je veux prendre la population; après m'être assuré qu'il n'y a, à ma ruche, aucune fissure susceptible de donner passage à l'air, je la renverse rapidement, j'arrose l'intérieur de cinq grammes de chloroforme ; je la ferme aussitôt le plus hermétiquement possible. Au bout d'une minute, les abeilles, pour chasser les vapeurs qui les saisissent, battent des ailes et font entendre un bourdonnement sourd qui va sans cesse s'affaiblissant. Puis on les entend tomber du haut des rayons, et cinq à six minutes après l'asphyxie est complète. Alors on n'entend plus aucun bruit : c'est le silence du sommeil, il faut profiter de ce moment propice avec célérité. On recueille toutes les abeilles dans un vase ou dans une petite corbeille, et immédiatement on va les introduire dans la famille qu'on leur a destinée en prenant les précautions d'usage.

L'automne est la saison des acquisitions ; il serait sans doute plus avantageux d'attendre le retour du printemps pour cette sorte d'opération ; cependant l'usage contraire a prévalu, et cela se comprend. Si vous achetiez vos colonies au printemps seulement, vos risques seraient considérablement diminués, vous seriez également exempt des soins que l'hiver exige de vous ; mais vous n'êtes pas seul à comprendre ces avantages ; le vendeur s'y entend aussi bien que vous, et c'est son intérêt même qui l'engage à vendre à cette époque. C'est donc, en général, dans cette saison que vous trouverez plus facilement des colonies selon votre choix. J'ai lu, dans plusieurs auteurs, qu'il fallait de préférence acheter des essaims lorsqu'on voulait établir un rucher : ce n'est pas mon avis. J'aime mieux les colonies d'un an, parce que généralement elles donnent des essaims plus vite et en même temps plus de miel.

Lorsque l'on établit un rucher, on est quelquefois embarrassé sur la position où l'on doit former un établissement. On ne sait s'il est plus avantageux de réunir les ruches dans un rucher couvert, ou si l'on doit le laisser en plein air en se contentant de simples surtouts. Si vous avez la faculté de choisir, voici le conseil que je vous donne : vous aurez un rucher couvert, il vous sera plus facile de visiter vos abeilles. En hiver, elles seront plus abritées contre les vents, les pluies et les neiges ; en été, contre les ardeurs du soleil. Lorsqu'elles arrivent des champs avec de lourds fardeaux, si l'orage les surprend, si la pluie mouille leurs ailes, elles pourront se reposer plus facilement sur leurs siéges et y sécher leurs ailes. Sous le rapport économique, le rucher couvert est préférable, puisqu'on peut le construire avec moins de dépense qu'il n'en faudrait faire pour des surtouts, si on les laissait en plein air.

Vous placerez votre rucher à l'abri du nord et de l'ouest; ce sont les vents de ces deux points qui sont les plus funestes aux abeilles. Vous aurez soin qu'il soit environné d'arbustes, de petits arbres fruitiers : ils tempéreront, par leur léger ombrage, les feux des soleils d'été et serviront de reposoirs à vos essaims. Présentez de préférence l'ouverture de vos ruches au levant; le midi a des inconvénients qui se comprennent facilement. Il est bon que le soleil au printemps touche vos ruches et les échauffe légèrement; mais il ne faut pas qu'il fasse fondre les rayons en été et couler le miel. Vos essaims viendront d'aussi bonne heure au levant qu'au midi; cependant il est des circonstances où le midi peut être également une position avantageuse. Les inconvénients qu'il présente peuvent être diminués et même peuvent disparaître entièrement. En effet, si vous avez un emplacement, à cette exposition, qui soit légèrement ombragé pendant l'été, vous pouvez avec avantage y établir votre rucher.

Le nord est une mauvaise exposition dans nos contrées : les abeilles, pendant les beaux jours, y travaillent aussi bien qu'ailleurs; mais lorsque la température s'est abaissée, lorsque la saison pluvieuse arrive, l'humidité gagne les ruches et peut leur être très-funeste. Il est certaines conformations de terrain où le couchant peut présenter des avantages, mais en général ce n'est pas une exposition que l'on doive choisir. On ne peut du reste, sous ce rapport, que donner des conseils généraux. Il est des jardins, des enclos, où un verger, un taillis, une pente, une anse, un bouquet d'arbustes ou d'arbres verts peuvent donner des positions excellentes, qui feront face quelquefois au levant et au midi, ou au midi et au couchant. L'intelligence de chaque apiculteur aidera toujours beaucoup à donner une solution heureuse à cette question.

Si vous avez à proximité de nombreuses prairies artificielles, vous aurez une heureuse position; mais si aux prairies artificielles viennent s'ajouter des prairies naturelles, où les aulnes, les saules, offriront à vos ouvrières des fleurs printanières; des bois où de vieux chênes sueront de riches miellées pendant les mois de juillet et d'août, où aux fleurs de tilleul et de châtaignier succéderont mille fleurs odorantes et les bruyères si chères à vos abeilles, vous pourrez vous considérer comme placé dans la position la plus fertile et la plus avantageuse.

Voici les conseils que Virgile donnait aux apiculteurs de son temps :

Principio sedes apibus statioque petenda......

D'abord de tes essaims établis le palais
En un lieu dont le vent ne trouble pas la paix :
Le vent à leur retour ferait plier leurs ailes
Tremblantes sous le poids de leurs moissons nouvelles...
Loin d'eux le vert lézard, les guêpiers ennemis,
Progné sanglante encore du meurtre de son fils,
Tout ce peuple d'oiseaux avide de pillage :
Ils exercent partout un affreux brigandage,
Et saisissant l'abeille errante sur le thym,
En font à leurs enfants un barbare festin.
Je veux près des essaims une source d'eau claire,
Des étangs couronnés d'une mousse légère ;
Je veux un doux ruisseau fuyant sous le gazon,
Et qu'un palmier épais protége leur maison.

GÉORG., liv. IV. (*Delisle.*)

CHAPITRE V.

De la cueillette des essaims naturels et de la formation des essaims artificiels.

Bien des gens n'osent cultiver les abeilles par la crainte qu'ils ont de ne pouvoir recueillir les essaims. Rien n'est plus simple cependant, rien n'est plus facile, et en prenant quelques précautions, on ne peut sérieusement redouter le moindre danger.

Lorsque la saison de l'essaimage est arrivée, il faut faire une garde exacte au rucher, depuis huit heures du matin jusqu'à cinq heures du soir. Les essaims sortent peu avant dix heures du matin et rarement après quatre heures de l'après-midi ; cependant cela arrive quelquefois, et c'est ce qui nécessite la présence de l'apiculteur au rucher pendant le temps que j'indique. Il faut toujours à ce moment avoir sous sa main un linge roulé en tampon, pour l'allumer et obtenir de la fumée au premier besoin ; il faut aussi que le camail soit en bon état. Ayez également une échelle auprès de votre ruche. Un essaim pourrait se loger dans quelque lieu élevé, il faut être prêt à l'atteindre le plus vite possible.

Ecoutez, voici un bourdonnement qui augmente de plus en plus ; c'est un essaim qui s'élance dans les airs : voyez-vous cette multitude infinie d'abeilles qui voltigent au-dessus de vos têtes en décrivant des cercles. Le temps est calme, elles ne paraissent pas s'écarter du rucher, laissez-les tranquillement se reposer sur quelque arbuste voisin. Tout le bruit que vous ferez, vous servirait peu ; cependant, dans ces circonstances, certains apiculteurs font le coup de pistolet avec succès. On charge à poudre seulement, et soit la fumée, soit la détonation, soit tout ensemble, les abeilles quelquefois s'apaisent immédiatement.

Lorsque l'essaim semble vouloir s'écarter, on réussit souvent à le retenir, en l'arrosant avec une pompe de jardin. Les abeilles craignent l'eau, elles s'abattent presqu'aussitôt qu'elles en sont atteintes.

Si votre essaim se pose à l'extrémité d'une branche, sa cueillette est tout ce qu'il y a de plus facile : vous prenez une ruche ; d'une main vous la soutenez en présentant l'ouverture sous l'essaim ; de l'autre, vous secouez la branche, ayant soin de faire tomber toutes les abeilles dans votre ruche. Aussitôt vous la renversez légèrement et vous la posez à terre sur des cales de quatre à cinq centimètres de hauteur. Les abeilles qui n'étaient pas encore agitées, celles qui se sont envolées lorsque vous avez secoué la branche, cel'es qui sont tombées à terre, iront vite rejoindre le gros de la colonie, où se trouve très probablement la reine. Si cette dernière était, soit restée attachée à la branche, soit tombée à terre, au lieu de se loger dans la ruche toutes les abeilles sortiraient en masse pour rejoindre leur mère, et vous seriez obligé de recommencer votre opération. Un quart d'heure après, vous emportez votre nouvelle colonie pour la mettre à la place qu'elle doit définitivement occuper.

Lorsqu'un essaim ira se coller sur un tronc d'arbre, vous en approchez votre ruche d'une main et avec un léger plumeau vous balayez dedans toutes vos abeilles rapidement, mais doucement. Si au-dessus de votre essaim, vous pouviez placer votre ruche, vous emploieriez la fumée.

Lorsque le vent souffle, lorsqu'il se trouve plusieurs reines dans l'essaim, comme dans les essaims secondaires, il se forme souvent plusieurs groupes d'abeilles. Il faut d'abord aller au plus gros groupe et vous en emparer, puis vous ramènerez chacun des autres et vous les réunirez ensemble au fur et à mesure.

Du reste il est mille circonstances qui font varier

les modes de cueillir les essaims, et il est rare que l'intelligence de l'apiculteur ne lui suggère pas ces divers moyens; il est donc inutile d'insister davantage et d'entrer dans des détails oiseux.

La formation des essaims artificiels est une opération presque aussi facile que la cueillette des essaims naturels. Lorsqu'on se sert de ruches à hausses, cet essaimage est excessivement simple. On commence par ôter le couvercle de la ruche et à sa place on met une hausse vide pour fournir une retraite à toutes les abeilles, lorsqu'on les chassera des hausses du bas. La hausse vide bien assujétie, on souffle de petites bouffées de fumée sous la ruche, que l'on soulève légèrement. Bientôt vous entendez un second bourdonnement, c'est le signal du départ. Soufflez alors beaucoup de fumée, puis détachez les hausses que vous voulez séparer, de manière qu'on puisse enlever les deux du haut avec celle qui est vide et qui a été mise dessus. Lorsque la ruche est divisée par le moyen d'un fil de laiton, il faut encore souffler de la fumée afin d'empêcher les abeilles de descendre, puis enlever la partie supérieure et la placer sur la hausse vide qu'on a préparée à côté du siége. Enfin on remet un couvercle sur la partie inférieure.

6.

Cet essaim artificiel ne doit pas être placé auprès de la mère-ruche; il faut qu'il en soit éloigné de quelques pas, de peur qu'un trop grand nombre d'abeilles n'en sorte pour rentrer dans la ruche dont elles ont été tirées. Il n'est pas nécessaire de la porter à une trop grande distance, car il est à propos que beaucoup d'ouvrières de l'essaim retournent à la ruche et la repeuplent; néanmoins on peut porter cet essaim à deux cents pas, et il n'y aurait pas d'inconvénient à le porter plus loin.

Dans la partie de la ruche qui se trouve sur le siége, il ne reste plus aucune abeille; mais celles qui étaient en campagne au moment de l'opération et celles de l'essaim qui sortent pendant les quatre ou cinq jours suivants, reprennent le chemin de la mère-ruche et forment bientôt une population nombreuse. D'ailleurs cette ruche est toute remplie de couvain dans l'état de nymphe, de vers et d'œufs : les abeilles ne manquent pas de gouverner leurs nourrissons, ni de disposer de plusieurs cellules royales pour se procurer une nouvelle reine.

La partie de la ruche où se trouve l'essaim contient presque toutes les abeilles de la mère-ruche, avec la reine qui est encore dans le fort de sa ponte. De plus, elle contient du couvain près d'éclore, qui remplacera les abeilles qui doivent retourner à la mère-ruche.

Lorsque l'essaim artificiel a été porté à très-peu de distance de la mère-ruche, on ne voit qu'un très-petit nombre d'abeilles sortir de cet essaim et l'on en voit encore moins y rentrer; il ne faut pas s'en inquiéter : les ouvrières travaillent dans l'intérieur de la ruche; on s'apercevra de leur activité avant le cinquième jour, et dans peu de temps elles auront rempli plusieurs hausses. Lorsque l'on veut transporter son essaim artificiel dans un lieu éloigné de plus de deux kilomètres de la mère-ruche, on met deux hausses vides dessus, au lieu d'une seule, afin que toutes les abeilles qu'on y fera monter, y trouvent assez de place, et afin qu'on puisse enlever une seule hausse pleine avec les deux vides.

On peut quelquefois former des essaims secondaires avec les premiers essaims artificiels; mais il faut pour cela que la saison des fleurs ne soit pas trop avancée et que la ruche qui doit le fournir soit riche en peuple et en provisions. Malgré même ces heureuses circonstances, je ne conseillerai cependant jamais ces opérations dans nos contrées : elles sont en général peu avantageuses.

Lorsque l'on se sert de ruches communes, voici la

manière de former des essaims artificiels. Si vous voyez le moment favorable arrivé, c'est-à-dire, si depuis quelques jours, vous voyez les faux bourdons sortir en assez grand nombre; si votre ruche est abondamment peuplée, pourvue de provisions, et si le temps est chaud, le vent heureusement placé, armez-vous d'un tampon fumant; approchez doucement, soulevez légèrement votre ruche et faites pénétrer quelques bouffées de fumée dans l'intérieur. C'est un ambassadeur, dit l'abbé Collin, qui négocie toujours favorablement la paix. Quand vous aurez un peu d'exercice, votre cigare vous suffira pour mettre toute votre colonie en bruissement. Lorsque ce bruissement sera commencé, emportez votre ruche à l'endroit que vous avez préparé. Renversez-la sur un trépied ou simplement sur un trou pratiqué dans la terre. Pour amuser les abeilles qui reviennent des champs, mettez une ruche vide sur le tablier. Coiffez votre ruche, que vous devez châsser, de celle dans laquelle vous désirez introduire votre essaim. Puis, armé de deux baguettes, frappez la ruche pleine à petits coups incessamment répétés. Ne frappez pas trop fort cependant, car vous courriez risque de détacher des rayons et d'abîmer les parois de la ruche. Lorsque le temps est favorable, en moins de dix minutes l'opération est faite. Châssez vos abeilles jusqu'à la dernière; si vous en laissiez, vous pourriez manquer votre coup, car cette dernière pourrait être la reine. Lorsque vos abeilles seront montées, séparez vos ruches; posez celle qui contient l'essaim sur une toile assez large pour l'envelopper et la clore de manière à ne pas laisser échapper d'abeilles. Remettez la souche à sa place. Toutes les ouvrières qui étaient aux champs prendront soin du couvain à leur retour et bientôt la colonie sera repeuplée. Quant à l'essaim, tenez-le enfermé jusqu'au soir et transportez-le à une certaine distance de votre ruche, dans la crainte qu'une certaine partie d'abeilles ne retournent à leur première demeure et n'affaiblissent ainsi votre essaim. Si au bout d'une demi-heure ou d'une heure, vous remarquiez que les abeilles de l'essaim courent en tout sens dans la ruche, font un grand bruit et sont en désordre, c'est que la reine n'y est pas. Dans ce cas, donnez la liberté à vos abeilles, qui se hâteront de retourner à la ruche-mère. Vous en serez quitte pour recommencer le lendemain ou quelques jours après.

———

CHAPITRE VI.

De la récolte du miel et de la cire.

La récolte du miel et de la cire est, sans aucun doute, le dernier terme de toute l'apiculture, c'est là le but et la fin de toutes ses opérations. Il est donc important de savoir bien faire cette récolte et en temps opportun. J'ai parlé, dans les considérations générales, des différentes méthodes en usage, lorsque l'on se sert de ruches ordinaires. Je ne veux donc pas revenir sur ce point, mais simplement dire comment se pratique la chàsse, ou le transvasement que j'ai conseillé.

Cette opération peut se faire à plusieurs époques : le moment le plus favorable est celui où la ruche se trouve sans couvain. Les colonies qui ont donné un essaim, soit naturel, soit artificiel, doivent être chàssées ou transvasées vingt jours après la sortie ou la formation de cet essaim, parce qu'alors il ne se trouve plus aucun couvain dans la ruche. En effet, après le départ de la reine, tous les œufs qui existaient ont pu pendant ce temps achever les phases diverses de leur transformation complète ; d'un autre côté, la nouvelle reine n'a pas encore eu le temps de pondre, c'est donc l'instant favorable. Agissez comme pour l'essaimage artificiel, armez-vous de la fumée, mettez votre ruche en bruisse-ment, transportez-la à l'endroit préparé et châssez vos abeilles jusqu'à la dernière. Choisissez toujours un temps favorable et opérez de dix heures du matin à quatre heures du soir ; vous réussirez plus vite que dans l'essaimage artificiel, parce que les abeilles n'ayant plus de couvain à défendre, abandonnent plus facilement leur demeure. Lorsque votre opération est terminée, transportez de suite votre châsse ou châssis à la place de la ruche dont vous vous êtes emparé, afin que les abeilles qui reviennent des champs, aillent le plus promptement possible retrouver leur famille et recommencer de nouveaux travaux. Puis renfermez cette dernière dans votre laboratoire, et si le soir quelques mouches oubliées se montrent sur ses bords, hâtez-vous de leur rendre la liberté en les expulsant de leur ancienne demeure avec les barbes d'une plume. Lorsque les ombres de la nuit s'étendant sur votre rucher seront venues lui rendre le calme, allez visiter les châsses de la journée. Comme à cette heure tout le monde est au logis, il vous sera facile de vous assurer de la valeur de chaque famille. Ne vous laissez pas aller au désir dangereux d'augmenter votre rucher de quelques colonies de plus, en laissant isolée chacune de vos châsses; mais lorsque la population ne vous paraîtra pas suffisamment nombreuse, faites des réunions ; mariez deux châsses en une seule. Si vous avez quelques ruchées faibles, c'est le moment de les rendre plus fortes en les unissant à vos châsses. Rappelez-vous toujours que deux petites colonies réunies ensemble vous donneront plus de produits qu'ils ne vous en donneraient en restant séparées.

La récolte des ruches à hausses peut s'opérer de la même manière que celle des ruches villageoises dont nous venons de parler ; cependant ce n'est pas l'ordinaire d'en agir ainsi, ce serait même se priver des avantages que présentent ces sortes de vaisseaux. La récolte des ruches à hausses ne doit se faire que partiellement et, par conséquent, ne doit pas suivre absolument les règles que nous avons tracées pour les autres. Il ne faut généralement enlever qu'une hausse à la fois : seulement cette récolte peut se répéter deux, et quelquefois trois fois, dans le courant des différentes saisons des fleurs.

On peut faire la première récolte quinze à vingt jours après l'essaimage; puis, lorsque les ruches sont lourdes au milieu de l'été et au commencement de l'automne, on pourra enlever une seconde hausse et même une troisième, suivant l'abondance des fleurs, la force et l'activité de la colonie, et la saison où l'on se trouve. Il faut toujours mettre plusieurs jours d'intervalle entre chaque récolte. parce qu'on pourrait nuire au couvain, si on prenait plus que le tiers des rayons contenus dans la ruche.

Voici comment on procède : après avoir soulevé le couvercle d'une ruche avec un ciseau, on souffle un peu de fumée par cette ouverture, puis on envoie de plus fortes bouffées de fumée pour faire descendre toutes les abeilles. Alors avec un fil de laiton ou une petite scie sans dents, on détache le couvercle des rayons. On continue par intervalles à souffler de la fumée, et on agit, pour séparer la hausse. comme on a fait pour retirer le couvercle. Pour diviser une ruche, il est plus commode de se placer contre un des angles par derrière et de commencer à détacher à l'angle opposé. Quand la hausse est séparée, on la prend par deux angles, et, en l'enlevant, on la retourne promptement sur le côté que

la main gauche soutient, de manière qu'on puisse
retenir les petits rayons mal collés qui seraient sur
le point de tomber.

Pour extraire le miel, on choisit un lieu chaud,
une chambre, de préférence, qui soit échauffée par
le soleil si c'est en été, par un poêle si c'est en
une saison où le soleil a peu d'action. On pose les
rayons blancs sur des tamis de crin, ou de grosse
toile de blutoir, et les rayons communs sur des
claies ou des corbeilles d'osier blanc. Les rayons,
ainsi séparés, on les écrase au moyen d'une spatule
ou de quelque autre instrument. Des terrines, plus
ou moins grandes, ou des baquets, reçoivent le miel
qui sort des tamis ou des corbeilles. Lorsque le miel
a rejeté à sa surface toutes les matières étrangères,
on le retire avec soin et on verse ce miel dans les vases dans lesquels on doit le conserver. Lorsque l'on
opère en grand, aux corbeilles et aux tamis il sera
avantageux et plus expéditif d'ajouter une grande
claie posée sur un couloir de même grandeur, fait en
zinc. On met ensuite le marc provenant des rayons
écrasés dans le pressoir et on en obtient un miel
commun qu'emploient particulièrement les vétéri-
naires, ou que l'on peut réserver pour la nourriture
de ses colonies dépourvues de provisions. Quelques

apiculteurs présentent tous ces restes à leurs abeilles, au lieu de les sécher sous le pressoir. Je n'approuve pas cet usage, parce qu'il est rare qu'il ne suscite pas des pillages dans le rucher.

Voici, d'après Beaunier, la manière de préparer la cire : lorsqu'on a extrait le miel des rayons. il faut diviser le marc, l'émier avec les mains, et le laver dans un vase rempli d'eau. Une grande partie du pollen qui se trouve dans le marc se précipite au fond du vase. On retire la cire et on la réunit aux rayons qui ne contenaient point de miel et qui avaient été mis à part. Ce travail ne doit pas être différé, parce que la cire qui n'est point imbibée de miel, ou qui n'est pas fondue, ne tarde guère à être attaquée par les teignes. On jette la cire dans une chaudière de cuivre; le fer simple pourrait la noircir. Il faut y verser beaucoup d'eau et laisser du vide jusqu'à trois doigts des bords de la chaudière, parce que, si la cire se répandait dans le feu, elle occasionnerait une flamme considérable qui brûlerait toute la cire et qui ferait même craindre de plus grands accidents. On doit prendre garde que la cire n'éprouve ce que les ciriers appellent *un coup de feu.* Si on la faisait bouillir avec trop de force ou trop longtemps, elle pourrait devenir brune, se décomposer même et perdre son huile qui se consumerait et se dissiperait: en un mot, elle aurait beaucoup moins de prix. Dès que la cire commence à bouillir, on la remue, afin que toutes les parties puissent se fondre; on diminue le feu, et si la cire s'enfle et s'enlève jusqu'aux bords de la chaudière, on y verse un peu d'eau froide. Enfin, lorsque la cire est entièrement fondue, on la met au pressoir.

On étend dans la maye du pressoir une double toile pour envelopper la cire bouillante qu'il s'agit de pressurer; ensuite il ne faudra pas trop tarder à la mettre en pain parce qu'elle se dessécherait et se gercerait. On la met dans une chaudière avec un peu d'eau, on la fond sur un feu modéré; on la fait bouillir pendant quelques instants et on enlève une écume qu'il ne faut pas jeter, parce qu'elle contient encore beaucoup de cire que l'on refondra pour la purifier. On verse la cire bouillante dans des vases au fond desquels on a mis de l'eau chaude. Bientôt l'eau s'en sépare et entraîne les parties étrangères qui se trouvaient mêlées à la cire. Ces matières restent attachées au pain de cire, par-dessous. Il faut couvrir les vases dans lesquels on a versé la cire, de peur qu'elle ne se refroidisse trop promptement. Lorsqu'il fait chaud, on est environ dix-huit heures sans remuer les vases ; mais lorsqu'il fait froid, on peut ôter les pains de cire au bout de huit ou dix heures. On les râcle tout de suite en dessous. On pourrait laisser refroidir les gros pains dans les chaudières où ils ont été fondus, et les ôter quand on les voit se détacher des bords.